非物质文化遗产丛书

Intangible Cultural Heritage Series

# 北京果脯

北京市文学艺术界联合会　组织编写

张　青　编著

北京出版集团公司

北京美术摄影出版社

图书在版编目（CIP）数据

北京果脯 / 张青编著；北京市文学艺术界联合会组
织编写. — 北京：北京美术摄影出版社，2019.12
（非物质文化遗产丛书）
ISBN 978-7-5592-0329-8

Ⅰ. ①北… Ⅱ. ①张… ②北… Ⅲ. ①果脯—介绍—
北京 Ⅳ. ①TS255.41

中国版本图书馆CIP数据核字（2020）第005779号

**非物质文化遗产丛书**
# 北京果脯
BEIJING GUOFU

张　青　编著

北京市文学艺术界联合会　组织编写

出　版　北京出版集团公司
　　　　　北京美术摄影出版社
地　址　北京北三环中路6号
邮　编　100120
网　址　www.bph.com.cn
总发行　北京出版集团公司
发　行　京版北美（北京）文化艺术传媒有限公司
经　销　新华书店
印　刷　天津联城印刷有限公司
版印次　2019年12月第1版第1次印刷
开　本　787毫米×1092毫米　1/16
印　张　10
字　数　144千字
书　号　ISBN 978-7-5592-0329-8
定　价　68.00元
如有印装质量问题，由本社负责调换
质量监督电话　010-58572393

## 编委会

## 组织编写

北京市文学艺术界联合会

北京民间文艺家协会

# 序

PREFACE

赵　书

　　2005 年，国务院向各省、自治区、直辖市人民政府，国务院各部委、各直属机构发出了《关于加强文化遗产保护的通知》，第一次提出"文化遗产包括物质文化遗产和非物质文化遗产"的概念，明确指出："非物质文化遗产是指各种以非物质形态存在的与群众生活密切相关、世代相承的传统文化表现形式，包括口头传统、传统表演艺术、民俗活动和礼仪与节庆、有关自然界和宇宙的民间传统知识和实践、传统手工艺技能等，以及与上述传统文化表现形式相关的文化空间。"在"保护为主、抢救第一、合理利用、传承发展"方针的指导下，在市委、市政府的领导下，非物质文化遗产保护工作得到健康、有序的发展，名录体系逐步完善，传承人保护逐步加强，宣传展示不断强化，保护手段丰富多样，取得了显著成绩。第十一届全国人民代表大会常务委员会第十九次会议通过《中华人民共和国非物质文化遗产法》。第三条中规定"国家对非物质文化遗产采取认定、记录、建档等措施予以保存，对体现中华民族优秀传统文化，具有历史、文学、艺术、科学价值的非物质文化遗产采取传承、传播等措施予以保护"。为此，在市委宣传部、组织部的大力支持下，北京市于 2010 年开始组织编辑出版"非物质文化遗产丛书"。丛书的作者为非物质文化遗产项目传承人以及各文化单位、科研机构、大专院校对本专业有深厚造诣的著名专家、学者。这套丛书的出版赢得了良好的社会反响，其编写具有三个特点：

第一，内容真实可靠。非物质文化遗产代表作的第一要素就是项目内容的原真性。非物质文化遗产具有历史价值、文化价值、精神价值、科学价值、审美价值、和谐价值、教育价值、经济价值等多方面的价值。之所以有这么高、这么多方面的价值，都源于项目内容的真实。这些项目蕴含着我们中华民族传统文化的最深根源，保留着形成民族文化身份的原生状态以及思维方式、心理结构与审美观念等。非遗项目是从事非物质文化遗产保护事业的基层工作者，通过走乡串户实地考察获得第一手材料，并对这些田野调查来的资料进行登记造册，为全市非物质文化遗产分布情况建立档案。在此基础上，各区、县非物质文化遗产保护部门进行代表作资格的初步审定，首先由申报单位填写申报表并提供音像和相关实物佐证资料，然后经专家团科学认定，鉴别真伪，充分论证，以无记名投票方式确定向各级政府推荐的名单。各级政府召开由各相关部门组成的联席会议对推荐名单进行审批，然后进行网上公示，无不同意见后方能列入县、区、市以至国家级保护名录的非物质文化遗产代表作。丛书中各本专著所记述的内容真实可靠，较完整地反映了这些项目的产生、发展、当前生存情况，因此有极高历史认识价值。

第二，论证有理有据。非物质文化遗产代表作要有一定的学术价值，主要有三大标准：一是历史认识价值。非物质文化遗产是一定历史时期人类社会活动的产物，列入市级保护名录的项目基本上要有百年传承历史，通过这些项目我们可以具体而生动地感受到历史真实情况，是历史文化的真实存在。二是文化艺术价值。非物质文化遗产中所表现出来的审美意识和艺术创造性，反映着国家和民族的文化艺术传统和历史，体现了北京市历代人民独特的创造力，是各族人民的智慧结晶和宝贵的精神财富。三是科学技术价值。任何非物质文化遗产都是人们在当时所掌握的技术条件下创造出来的，直接反映着文物创造者认识自然、利用自然的程度，反映着当时的科学技术与生产力的发展水平。丛书通过作者有一定学术高度的论述，使读者深刻感受到非物质文化遗产所体现出来的价值更多的是一种现存性，对体现本民族、群体的文化特征具有真实的、承续的意义。

第三，图文并茂，通俗易懂，知识性与艺术性并重。丛书的作者均是非物质文化遗产传承人或某一领域中的权威、知名专家及一线工作者，他们撰写的书第一是要让本专业的人有收获；第二是要让非本专业的人看得懂，因为非物质文化遗产保护工作是国民经济和社会发展的重要组成内容，是公众事业。文艺是民族精神的火烛，非物质文化遗产保护工作是文化大发展、大繁荣的基础工程，越是在大发展、大变动的时代，越要坚守我们共同的精神家园，维护我们的民族文化基因，不能忘了回家的路。为了提高广大群众对非物质文化遗产保护工作重要性的认识，这套丛书对各个非遗项目在文化上的独特性、技能上的高超性、发展中的传承性、传播中的流变性、功能上的实用性、形式上的综合性、心理上的民族性、审美上的地域性进行了学术方面的分析，也注重艺术描写。这套丛书既保证了在理论上的高度、学术分析上的深度，同时也充分考虑到广大读者的愉悦性。丛书对非遗项目代表人物的传奇人生，各位传承人在继承先辈遗产时所做出的努力进行了记述，增加了丛书的艺术欣赏价

北京果脯

值。非物质文化遗产保护人民性很强，专业性也很强，要达到在发展中保护，在保护中发展的目的，还要取决于全社会文化觉悟的提高，取决于广大人民群众对非物质文化遗产保护重要性的认识。

编写"非物质文化遗产丛书"的目的，就是为了让广大人民了解中华民族的非物质文化遗产，热爱中华民族的非物质文化遗产，增强全社会的文化遗产保护、传承意识，激发我们的文化创新精神。同时，对于把中华文明推向世界，向全世界展示中华优秀文化和促进中外文化交流均具有积极的推动作用。希望本套图书能得到广大读者的喜爱。

2012 年 2 月 27 日

# 序

李滨声

　　2020年伊始，有老同事的侄女张青由南三环到北五环来贺新岁，喜出望外。回想20世纪50年代初，北京日报社还在东单二条的时候，她还不到学龄。80年代初，再次偶遇时，她已经是一位新闻记者了。时光真快，转眼她也已退休十余年了。得知她退休后，经常整理自己多年采写的商业报道笔记、剪报，有的还深查有关资料后整理成篇。其中有关老北京特产之一的"北京果脯"的由来与发展的资料最为厚重。后来听说北京红螺食品集团授权、由张青编著的《北京果脯》一书已付梓。虽未见到原稿，可想"开卷有益"，尤其是对北京的老中青读者颇有好处。因为北京果脯文化底蕴深厚，是老北京人极熟悉的，也极喜爱的节令及休闲小食品之一。

　　我在北京生活了近80年，小时候对北京果脯并不陌生。因为逢年过节家里会买来自家吃或招待客人。后来我在劳动锻炼时期，曾在北京南口农场接触过加工果脯的车间，耳闻目睹了种果树、摘果子、加工制成果脯和果酱的过程。所以说，我对北京果脯的加工制作还是了解一些的。

　　我曾在一些书中和电视台做节目时说过，果脯当然是以水果为主，因为受季节限制，水果不能四季都品尝到，那么后来就发明了果脯。它是经过糖的腌制后，加工成为一种不受季节限制可以储存的食品。品种最早以苹果脯为主，一个苹果大都只能切出四块果脯。加工时去了皮后，前后左右四刀出四块果脯。制作方法是将白糖炒成糖色，再加适量的水、白糖、蜂蜜熬至稠状，尔后将削皮去核、切成条块状的苹果，放入蜜糖汁中，使果品黏附均匀即成。满族入关以后，果脯蜜饯的制作和吃法的传统随即带入北京。当时，人们把果脯叫"渍山果"，就是把鲜果晾晒、风干、储存，即成蜜饯。现在果脯蜜饯已成为北京著名特产了。

果脯虽然是水果做的，但是过去水果店从来不卖，甜食店和油盐铺也不卖。在哪卖呢？干果店、卖干菜的店里卖。可能有许多年轻人不知道这些店。其实就是卖山珍海味的店，最具代表性的店早些年都在大栅栏街上。路北有家老店铺南货店最负盛名，不但经营果脯，更经营南北奇珍异货，曾经是最大的卖果脯和山珍的店铺，包括口外的口蘑、关外的蒸品等。那时卖的海鲜就是鱼翅、鱼肚、海参、江瑶柱，江瑶柱就是现在的干贝。所以果脯自古身价不菲，它和这些山珍海味是一个级别的食品，一般的店铺都不卖。今天人们生活水平提高了，都能吃到果脯了，可是过去，那起码是中等收入以上的人家才能享用到的美食。

果脯在现在生活里不可或缺，老少咸宜。老人和儿童吃水果有时很费劲，而制成水果罐头或果脯，食用方便也利口。它们都是经过水煮高温加工做成的美味小食品。尤其是果脯，几乎是原汁原味，它所独有的色素、纤维素和营养素一应俱全。每种水果制作的果脯，都有它自己的特点。

北京果脯深受不同年龄的人喜爱，还因为它有药用价值。比如西瓜可以入药，过去都有西瓜膏。过去的西瓜和现在的不一样，过去有三种。第一种是绿皮瓜，常见的会有花纹、红瓤、黑子。第二种是黑皮的，叫"黑蹦筋儿"。第三种是黄瓤的黑子瓜，这个品种在20世纪30年代末就很少见了，是西瓜里最贵的，价钱也最高，吃的人很少。据说，最早的瓜条是西瓜做的，白子、白瓤。西瓜品种不一样，口味也不一样。削去西瓜皮外面的翠衣，选用中间厚厚的青绿色的部分，将其经过汤煮后做成瓜条，到嘴就化，且生津，老年人特别喜爱。小孩儿呢，都爱找带颜色的果脯，红、黄、蓝、白、黑颜色都有。苹果和红果都属于红的，还有杂拌里边有个品种是"白雪红梅"，红色的是金糕条，白色的是藕片。切藕片要斜刀，即立刀切，制作时要找非常细的、比较圆的嫩藕。"白雪红梅"可能已经失传了，过去在20世纪30年代初40年代末的东安市场很常见。那时东安市场一进门，还有个卖糖葫芦的。

过去制作果脯我也是听说，都要用手工整形，制作的时候先要打平，打平后用切刀切成小块，再用糖、盐发酵以后做成。做果脯的原料一定是品种好的、口味甜的、果形正的果子。所以做成的果脯食品，让人一看就有品相、有食欲，拿着不粘手，看着挺鲜亮，而且果形很正。

过去的果脯种类的确没有这么多，因为果脯只限木果制作，水分太大的草本做不了原料。现在科学进步了，可以引进先进设备制作了，所以很多果品都可以利用了。有些食材制作时与辅料搭配很和谐、很合理，所以现在果脯的涵盖面很大，花色品种多样了。

北京果脯过去是很叫座的。很早的时候有巴拿马太平洋万园博览会，中国食品界的不少商家都参加了，煤产品和副食品也有参展。果脯当然是咱们中国的骄傲，但实际上那时候的果脯什么包装也没有。据说那时有种红果酪，也叫"炒红果"。为什么叫"炒"呢？因为满语中除煎、炒、烹、炸以外，熬、煮、炖都可以叫"炒"，所以叫"炒红果"。那时候有一种包装，上面有桃，那桃不是什么精致的东西，而是釉面桃上披釉、蓝釉，两边有两个耳子，好像小香炉似的。这种包装在中华人民共和国成立初期还可以看到。

北京的自然地理环境和古代民族延续下来的生产方式，促进了果脯的发展。北京人制作果脯的原材料，用怀柔果品更多一些，以蜜饯杏脯为最多。这是因为杏的成熟期集中，产量较大又不易保存，故多晒干或制作蜜饯。怀柔山区自古有一些养蜂户，所以制作果脯所用的蜜可以就地解决。

北京果脯除了除夕和春节，中秋节也是最受欢迎的时候。老北京人把中秋节叫八月节、果子节。旧京时期，中秋节所售果品有：沙果、虎拉车（闻香果）、鸭梨、京白梨、沙果梨（酸梨）、糖梨、红白石榴、苹果、槟子、脆柿子、葡萄、红白海棠、果藕、大小酸枣等。果局、果摊均备有小柳条筐和小蒲包，打成果包，盖上商家字号的门票，使满街节日气氛很浓。长期以来果脯和干果、果仁是制作点心和月饼的重要原材料，所以说，北京果脯为发展和形成京式月饼做出了贡献。

我感觉到我个人所能做到的，也只是把长期积累中的所见所闻尽可能地描绘出来。北京的果脯文化的起源及发展，对于北京这座伟大城市的内涵和生命力，我了解得不甚多，好在我知道北京红螺食品公司将果脯制作技艺传承发展。现在的果脯不仅产品种类多、食用方便，而且卫生安全，使我们祖国的民族品牌大放异彩。

借助于本丛书的出版，借助于本书的传播，《北京果脯》一书经过大家持续不断的集体劳动终将问世。北京这座举世闻名的历史文化名城，以及它的非遗项目的传承和发展也将日益明显地呈现在人们面前。

略写数语，为代序。

2020 年新春之际

（李滨声：字浴非，1925年生，中国美术家协会会员、北京市文史研究馆馆员、著名漫画家，其漫画画作多反映地道的老北京文化。）

# 前言

　　现在人们日益认识到食品文化是人类文明史的重要组成部分，是人类文化发展史的基本成分。北京果脯的文化就是这其中的一朵璀璨明珠。我国的果脯（preserved fruit）历史悠久而且种类繁多，其果脯文化更是源远流长，涉及食品、民俗、养生等多个领域，它是中华饮食文化的重要组成部分。它的产生与发展对于北京果脯技艺的发展和传承具有重要意义。

　　果脯生产历史悠久，早在1915年出版的《辞源》就已经对果脯和蜜饯有释义。干制的蜜饯果品，属我国北方特产，种类繁多：杏脯、桃脯、苹果脯、梨脯、沙果脯、山楂糕、果丹皮等。根据我国从形式、地域及加工的方法不同，自古的习惯是南方称"蜜饯"，北方则称为"果脯"，俗称"北脯南蜜"。果脯又称"干式蜜饯"，是将原来果蔬经糖制并干燥后，制成表面比较干燥、不粘手的产品。在北方，俗称"北蜜""北脯"。北蜜或是北脯，实际上就是起源于京城的北京果脯[1]。

　　北京果脯的发展经历了漫长曲折的历程。北京果脯身价不菲，它曾是每年给皇宫的贡品，也曾是达官贵人桌上的美味；在历史的进程中，它也一直是老百姓生活中的美味食品。北京果脯的加工制作技艺是劳动人民代代相传的智慧精华。北京果脯制作技艺得以传承发展，既有深远的历史根基，也有特定的社会条件、文化基因滋润及优越的地理环境等因素影响。

北京果脯在老百姓生活中形成的舌尖味道，创造出了北京果脯文化的自信和独特风格，它伴随着北京城市的发展而不断散发着古朴的光芒。在这座城市形成的无数记忆中，北京果脯制作技艺亘古连绵、久而弥新并传承至今。

2014年，"北京果脯传统制作技艺"入选北京市级非物质文化遗产项目名录。现今北京果脯传统制作技艺由中华老字号北京红螺食品有限公司（以下简称红螺食品）传承下来。本书以历史进程为线索，查找、翻阅了大量翔实的历史档案、宝贵文献及有关书籍，通过采访座谈等多种形式，整理、编辑数名北京果脯制作行业的技艺传承人、资深果脯制作老技师和多位食品业界的权威专家、民俗学家的口述史料，最终将这些宝贵的精神财富编著成书呈现给读者，旨在保护、传承和发展优秀的北京果脯制作技艺。

注 释

[1]李基洪、陈奇主编：《果脯蜜饯生产工艺与配方》，中国轻工业出版社2001年版。

# 目录
CONTENTS

第一章

北京果脯概说

果脯和蜜饯的定义在前言中已有注释。北京果脯制作技艺紧紧伴随着北京的果品到果脯历史的逐步演变而发展。本章首先从北京果脯的概念集中展开阐述，主要包括历史渊源、京味特征、历史辉煌及享誉世界等方面的内容。

## 一、北京果脯的历史渊源

树有根，水有源。我国的果脯和蜜饯是以瓜果和蔬菜为原料，经过糖制等技艺加工后的民族特色产品。它伴随着我国农业种植技术、林果加工、饮食方式等领域的演变而产生、发展。首先要从北京果脯的形成、特点、文化和它的制作技艺等实践的过程中，追溯到它最初产生在摇篮时期的伟大发明。

### （一）北京果脯历史发展脉络

#### 1. 灿烂的果品文化源远流长

我国是农业大国，果树和果品的演化深厚绵长，果脯的制作技艺发展过程与它有着千丝万缕的联系。我们知道，早在漫长的人类蒙昧的旧石器时代，我们的祖先在广阔的大自然的土地上生存繁衍，经历了200万年以上的渔猎及采集生活，那时候他们就已经懂得了每日采摘野生的朴树籽和野核桃等果品充饥果腹。火的发明使人类把摘取或捡到的野生坚果与树籽放在火堆上烤，或是加热成膨化食品后食用。由此可见，这种现象是我国食品文化文明开化进步的硕果，也是人类征服自然和改造自然，为了求生存和延续而绽放出来的一簇最绚丽及最顽强的花朵。

新石器时代，可食用的果子种类逐渐增多。果子的种核比蔬菜种子体积大，又显眼，熟透的衰果从树上掉落，或是人们食用后的果核丢弃在土地，逐渐发芽、成长，到来年结出丰收的硕果，这些现象极大地启发了人类。人们意识到这种资源再生的能力，可以维持人类的生计。如果掌握了，那将是永久造福人类的善事。

聪明勤劳的人们开始种植蔬菜、水果，这使大自然的恩惠接踵而来。比如人类有了玉米、番茄、南瓜、草莓、菠萝、花生等。

在李约瑟所著《中国科学技术史》这部重要文献有关考证果品的

章节中，专门从古代科技方面讲述了果品的历史和果品文化的发展。此文献中考证了多种水果和坚果的历史。这些果品包括桃、李、梅、杏、枣、榛、栗、木瓜、梨、楂、柿、樱桃、桂等，同时在文献中还确定了每种果品的英文名称和拉丁文名称。[1]

### 2. 果木生机孕育了辉煌硕果

果脯的变迁和发展，始终伴随着祖国的山川河流、果树名木的孕育与生机。在人类发源的劳动的历史长河中，人们慢慢地并逐步地学会了种植果树。最初能够栽培的有桃树、杏树、梅树、梨树、栗子树等果木。在北京山顶洞人的洞穴沉积中，发现有大量碳化的朴树籽，专业人士从沉积物中进行孢粉分析得知，当时的龙骨山就曾有野生核桃、松子等坚果为人类提供了宝贵的营养，逐渐使人类完成了向智人[2]转变的过程。

我国南方早期新石器时代的河姆渡遗址，默默地向今天的人们展示着远古时期曾出现的土桃子、酸枣和橡子；还有从半坡遗址出土的榛子、松子、栗、桃、杏、梅、酸枣等，以及还发现过有莲的花粉化石。我国考古学家经过千辛万苦的调查、发掘、研究后得出的珍贵史料，是我国果木文化和远古人类文明的真实写照。

我国种植果树最早在《诗经》中有记载。东周前期，楚国营建宫室时，就曾把榛子、栗子、梧桐、漆树等经济的树种，种植于宫殿周围，东周诸侯国也有大规模的园囿。再譬如《国语·晋语》中也记载着"赵穿攻公于桃园"，即赵穿在桃园杀死了晋灵公。

在汉代，我们的祖先发明了果树和植物嫁接技术，如北魏农学家贾思勰著的《齐民要术》中，有嫁接与栽培梨树技术的记载。

我国种植业的移植技术很早便产生。《晏子春秋》的故事讲到了"南橘北枳"的典故。当时晏婴作为使者赴楚国时，曾用"南橘北枳"的典故来反击楚王之辱，可见在春秋时人们已认知到果木与水土不服之间的因果关系。在汉代时，司马迁有这样的描述："安邑千树枣，燕秦千树栗。蜀汉江陵千树橘，淮北常山以南，河济之间千树荻……"《史记·货殖列传》说，当时大小城郊都分布着许多经济作物、园林、果园和菜园。可见，我国种植、制造和保存水果及果园营造的历史非常悠久。

汉武帝统一岭南后，也对岭南的瓜果十分赞赏，曾在长安修建"扶栗宫"，大规模移植岭南的佳果异草花木。当时西域的瓜果，大部分移植成功。另外，长安周围的离宫别院，种满了葡萄等。当时张骞从西域带回来的一些石榴、蒲桃等，不仅在黄河流域还在长江流域广为种植。

西瓜是唐初从外国进入新疆，五代时期传入中国内地，南宋绍熙元年（1190年）在淮西等地开始种植西瓜。另外，当时的政府还专门设立了掌管栗子生产的机构。南北朝以前，中国瓜果蔬菜的品种就已经有很详尽的记述，其中有桃、李、梅、枣、栗、柿、梨、沙果、木瓜、石榴、葡萄、蒲桃、樱桃、杨梅、草莓、橘、橙、枇杷、甘蔗、椰子、槟榔、龙眼、荔枝、橄榄、佛手、豆蔻等全国各地的瓜果蔬菜。《广雅》《广志》《广州记》等古书材料中提到了很多瓜果，如《广志》中记载"瓜州大瓜，大如斛，出凉州"，大概就是指河西走廊一带盛产大西瓜。又如《永嘉记》中记载："永嘉美瓜，八月熟，至十一月，肉青瓤赤，香甜清快，众瓜之胜。"[3]这描述的显然是哈密瓜。

《资治通鉴》中我们可以看到杨贵妃想吃荔枝，当时要动用快马从南方运往朝廷。晚唐杜牧有诗曰："一骑红尘妃子笑，无人知是荔枝来。"北宋时苏轼也有诗："宫中美人一破颜，京尘溅血留千载。"宋代蔡襄《荔枝谱》曰："香清远，色泽鲜紫，壳薄而平，瓤厚而莹，膜如桃花，核如丁香母。剥之。凝如水晶精；食之，消如降雪。"又曰："荔枝食之，有益于人。"南宋时期诗人范成大有《新荔枝四绝》："甘露凝成一颗冰，露浓冰厚更芳馨。"这优美的诗句，把荔枝的色、香、味都形容出来了！

在《辽史》中我们了解到，当时的北京林木、果品、蔬菜都有了蓬勃的发展。在辽代我国北方也有了瓜果类食品和加工的食用方法，当时的契丹人特别重视果木的种植和栽培，而且已经能够培育和种植梨、枣、樱桃、杏、桃、葡萄等瓜果食品。当时的契丹人对瓜果的食用一般是鲜食，但为了方便长时间保存和携带，还用不同的方法把新鲜瓜果加工制成了干果儿、冻果和果脯等。在漫长且寒冷的冬季时，契丹人就将水果，比如梨、柿子等冻起来保存，随吃随化极为方便快捷。他们在加工制作上独具特色，采用蜜、酒和盐"浸渍"水果，制作成最初的果脯。

到了元代前期，元世祖忽必烈设机构编定了两部著名的农学著作《农桑辑要》和《农书》，其中都有果木类的内容。《农桑辑要》共分了十个门类，其中第七门类为"果实门"。梨、桃、李、梅、杏等20种水果的栽种法，都被列入书中。其中第八门类"竹木门"中包括了21种树木的栽培法。[4]

清康熙年间，北京的果类就包括杏、李、沙果、樱桃、苹果、槟子、桃、柿、梨、核桃、枣、酸枣、栗、葡萄、杜梨子、榛等，这些果品大部分出自怀柔种植的树木，是制作京味果脯的优质原材料。[5]

### 3. 果品的独特魅力及显赫地位

纵观历史，果品的显赫地位不可小视。在《山海经》《礼记》中，人们看到了海棠、沙果、梨子、桃子、李子、杏子、梅子、枣子、山楂、板栗、橘子、柚子等果品的名称。其中在我国被称为"五果"的桃、李、梅、杏、枣等果品，一直视为我国最有种植渊源的主要水果。再比如，在湖南长沙马王堆一号汉墓中，人们发现在陪葬的日常使用的物件中，除了有漆器、陶器、乐器、纺织品等，还有许多瓜果和食品等。且在墓中出土的记载随葬物品的名称和数量的312枚竹简中，半数以上书写的是食品名称，其中记载的果品有：枣、梨、梅、元梅、杨梅等。

再以苹果为例，明末《旧京遗事》书中载有这样的表述：

一是京师果茹诸物，其品多于南方，而枣、梨、杏、桃、苹婆诸果，尤以甘香脆美取胜于他品。当时，北方广为种植的苹果称为"频婆""苹婆果"，当时人借用佛经中"色丹且润"的"频婆果"来称呼它，直到明代后期开始改为"苹果"。

二是明天顺五年（1461年）也出现过"频婆、金桃、玉桃"的说法，可以看到频婆果，即苹果，能同金桃等果品并称。当时对苹果还有很美的描写，说它"大如鹅卵而圆，色红碧"，是"北果之最美者"。

三是清代时苹果成为北方的名果。康熙皇帝对苹果情有独钟，他不仅对苹果的分类归属做过研究，还曾为其设计过"有钱买桃、苹果、梨三色，各价几何"的数学应用题。他还经常用苹果赏赐臣下。清康熙二十二年（1683年）出巡山西途中，康熙皇帝在保定府完县接见县里的学生蔡丹桂，他命令学生讲经，并下令赐白金5两，金盘苹果6枚；康熙五十二年（1713年），康熙皇帝六十大寿，款待参与庆典的士民，食物中也有苹果。清乾隆二十九年（1764年）修编的《大清会典则例》记载，在当时北京地区苹果的价格比橙子和柑橘低，而高于梨、桃、李、杏、柿、石榴等其他温带水果[6]。

### （二）北京果脯制作技艺应运而生

北京果脯制作技艺是历史的积累和沉淀后渐渐固定下来的，最终形成了独具特色的京味果脯制作技艺，使得人们最终将其制作技艺守住和传承下来，这个过程是漫长而艰辛的。

#### 1. 形成果脯制作技艺最早的前提条件

##### （1）采用蜜制

我国劳动人民勤劳聪明，为了解决果腹问题，以瓜果代替粮食充饥是最好的选择。而为了让瓜果更好、更长久地保存及解决冬季粮蔬缺乏的问题，先人们在生活中积累了大量保存和保鲜瓜果的技艺，使许多散落在天南海北的美食在古代交通不发达的条件下还能作为上好贡品为皇宫所用，其中就有蜜制这一方法。

大约早在5世纪时，我国的果品糖制在甘蔗制糖前就已经存在。那时主要采用蜂蜜来制作，并因此形成蜜饯的叫法。"枣、栗、饴蜜以甘之"，这是距今有2000年历史的最为珍贵的比较早期记载制作果脯蜜饯技艺的文字。《礼记·内则》书中记载，为解决鲜水果不容易保存的问题，先人们发明了将鲜果浸入蜂蜜及糖煮后晒干等保存形式。当时的这些加工做法，被现代人视为果脯制作技艺较早的雏形。《三国志·吴志·孙亮传》"孙亮食生梅"的典故记录了这样的案例："亮后出西苑方食生梅，使黄门至中藏取蜜渍梅。"这种方法在古老的农林业科学文献《夏小正》书中也可以找到，就是利用糖煮之后加工为桃脯。

在那个时期，民间还有了醋渍和煮熟食品的保存方法，多用于瓜果的炮制。菹（音同租，指酸菜）就是利用乳酸菌将瓜果蔬菜发酵腌熟，或直接用醋来泡，只要不受污染，常年不坏。还有"五月煮梅，六月煮桃"，就是把采摘的梅和桃煮熟储存，作为常年佐餐的开胃小食品。

唐代宫廷为了储存好要进贡的水果，更好地为宫廷所用，人们采用蜂蜜浸泡，开始有了"蜜煎"之称。因此也有了蜜煎局专司其事，并加以雕花，以为美观。辽代以后，北京城内有了专门制作蜜饯果脯的作坊，发展至明代开始写为"蜜饯"。清代，除原有京饯北、南两派，又有关外满洲蜜饯一派，在清入关前，过去被称为"盛京的内务府"的沈阳，每年要专为皇室制作贡品蜜饯，负责这些事情的官吏被称为"蜜人"。清入关后，仍然沿用旧制。

宋代，果脯和蜜饯加工技术又有了进步，"雕花蜜饯"的详细做法就在《张俊家宴与黄蓉点菜》一文中有描述。当时果脯的加工方法为："蜜煎——剥生荔枝，笮去其浆，然后蜜煮之。用晒及半干者为煎，色黄白而味美可爱。"概括起来，即先用盐浸，晾晒至半干，再采用蜜煮之。[7]宋代《食货志》记载有湖南浏阳蜜饯之类的传统名产品，如金钱橘饼气味芬芳可口，基本上保持了新鲜金橘的原有成分。书中形容："其大者如金钱，小者如龙目，色似金，肌理细莹、圆丹可玩，啖者不剥去金衣，食用以渍蜜为佳。"[8]

唐代韩偓《樱桃诗》中注云，一年当中，樱桃是最早成熟的果实，难怪人们要争先尝鲜，甚至迫不及待，摘下未成熟的涩果，采用蜜糖渍后食用。再有春天里果品成熟有限，为了尝鲜，《山家清供》有提到一款"蜜渍梅花"，援引用杨诚斋的诗"翁澄雪水酿春寒，蜜点梅花带露餐"。他还略有描述制法：剥白梅肉少许，浸雪水，用梅花酿酝后，露一宿，再取蜜渍之，风味不殊。书中还记述春末时，人们取用松花黄和炼熟蜜，做酒或食品，香味清甘。

《元史·百官志》记录了元代较为完善的宫廷膳食管理机构。其中尚食局，"掌供御膳及出纳油面酥蜜诸物"。沙糖局，"掌沙糖、蜂蜜煎造及方贡果木"。龙庆栽种提举司，管领龙庆州岁输粮米及易州、龙门、净边官员瓜果桃李等物以奉上供。

在女真人婚宴的食谱里我们也能看到有蜜糕（用胡桃肉渍蜜和糖为之）。在《松漠纪闻》中解释，蜜糕就是蜜渍、蜜煎、蜜饯制作的茶食和蜜饼，这源于满族和女真人的饮食文化，是后来北方特产的果脯蜜饯类食品。

（2）发明冷藏

我国劳动人民自古就有冰井藏冰等做法。如西周时就有藏冰和颁冰史实。据晋陆翙《邺中记》中记载，石季龙于冰井台藏冰，三伏天时期赐大臣。在《燕京岁时记》中也有记载，从暑伏日起一直到立秋之日，各衙门均有赐冰的惯例。每逢这个季节工部颁给冰票，官员自行按官阶不同领取，所领取的数量多寡也不相同。《清嘉录》也记载："土人置窖冰，街坊担卖，谓之凉冰。或杂以杨梅、桃子、花红之属，俗呼冰杨梅、冰桃子。"《岁时杂记》记载："京师三伏，唯史官赐冰麨。百司休务而已。自初伏日为始，每日赐近臣冰，人四匣，凡六次，又赐冰麨面三品，并黄绢为囊，蜜一器。"[9]清代宫廷的三伏天赐冰已经普及每一位官吏。

唐宋以后，随着饮食业的发展，人们利用冰雪及冷藏窖储藏瓜果食品等也有了市场。在明代末年也出现了苹果的储藏方法。在《帝京景物略》卷二《城东内外》"春场"条记中提到了它的冷藏方法：每年的冬季的十二月……八日，冰封雪地，人们先凿冰数尺，至日再将苹果放纳冰窖中，鉴深约二丈，冰在里面，然后将盖加固封好。一直藏到来年苹果入春而市的时候，仍让其果藏于冰窖。由于覆盖着冰，启开窖后的苹果，好似当初刚从树上摘下时候的样子。但是倘若离开冰，鲜果则化如泥了。当时这些冰窖多在安定门及崇文门外。冰窖冷藏的苹果，都是专供应宫廷食用的。据此可以看出当时的人们就有了用冰制作及藏储瓜果的做法。

（3）进入市场

在宋代，果品和干果已经出现在了宴席上。当时京城里已经出现了包办宴席的"四司六局"。四司包括：帐设司、厨司、茶酒司、台盘司。六局是指果子局、蜜煎局、菜蔬局、油烛局、香药局、排办局。

六局中的果子局是专门管盘钉（名菜模型）还有看生瓜果的，这是供食者欣赏的，一般在正式菜肴和"四时鲜果"上了以后就撤下席面。蜜煎局专门负责采办坚果等业务。

上面提及的"四时鲜果"在各大饭馆常备品种竟有近40种。比如甘蔗、土瓜、地栗、沉香藕、花红、金银水蜜桃、水晶桃李、莲子、紫杨梅、蜜橘、橄榄、红柿、樱桃、青梅、黄梅、枇杷、金杏等。干果有锦荔、京枣、条梨、串桃、松子等十多种。清代满汉全席中更是增添了干鲜果品作为醒酒和开胃不可或缺之物。这些专属设施部门及其做法促进、丰满和启发了北京果脯制作技艺的逐渐成熟。

（4）最初果脯

明代的史例中，有医学养生、典礼祭祀、市井商贾等方面的辉煌著述，其中《明史·志·卷五十》已经涉及了果脯的内容。书中描述，要用羹酒果脯帛祭于文华殿东室，再有汉武帝的遗诏提到了要用干饭、果脯等食品代替牲畜祭奠前人的做法。

明清时期，在时代不断进步的同时，北京果脯制作技艺进入皇宫，步入御膳房。当时为了保证皇帝一年四季都能吃上新鲜果品，宫廷内厨师不断采集和学习果脯的制作技艺。厨师们将各季节所收获的水果，分类泡在蜂蜜里，并逐渐加入煮制等制作工艺，形成酸甜适中、光亮剔透、爽口滑润、甜而不腻、果味浓郁的独特宫廷风味。这时果脯和蜜饯不仅用大自然的蜂蜜来糖制，而且已经发明出了饴糖进行糖制加工，在唐代时期发明了蔗糖制作技艺，使得北京果脯既能够耐储易藏，又具有良好的风味。

## 2. 摆果闻香

历史上更有《频婆果》小诗"丹唇似果频婆色，双眼如莲戒定香""眉如初月翠，口似频婆果"等。还有诗让人们欣赏到了旧京果品的诱人芳香："果异曾因释老知，喜看嘉实出京师。芳腴绝胜仙林杏，甘脆全过大谷梨。"瓜果飘香造就了"摆果闻香"的风气，宋代以来特别是明清时期特别兴盛，这是过去皇宫及有钱人家的习惯做法。

《宫女谈往录》里曾提及慈禧太后习惯用新鲜水果"换缸"。有宫女说，在慈禧太后的寝殿里摆着五六个空缸，那不纯粹是用来欣赏的摆设，而是为了在室内窖藏新鲜水果用的。那时慈禧太后的寝殿里不愿使用各类的香熏，而是喜欢用香果子的香味来熏殿室，避免有不好的气味留存在室内。这些水果多半是南方地区的果子，如佛手、香橼、木瓜之类。苹果等其他有香气的水果也用来充当"闻果"。当时宫中有上百种果品如山似的堆放在盘中，陈设在那些宫殿的宝座两旁。在炎热的夏季里，店堂内的香气透过帘子，满廊子都弥漫着香味。到了寒冷的冬天，一掀帘子，暖气带着香气扑面而来，使人感到清爽而温馨。所以在皇宫里，慈禧太后的殿室内永远充满着清香甜蜜的气息。再有，宫里把"闻果"称之为"南果儿"，每月初二、十六用新果换旧果，称为"换缸"，换下来的果子大多是用来赏赐宫女。

文物专家王敦煌在《吃主儿》中也说，旧京期间北方有钱人家，冬日里除了摆设蜡梅、水仙等花品外，也习惯码放各种水果罗列在果盘中"百果闻香"，就是为了保持室内散发着果品的清香。一般来说摆放在上房的大八仙桌的正当间儿，或是在上房最显眼的地方，讲究用大瓷盘子，用数十个佛手等果，一层层垒起来码放在盘子里，一个礼拜左右撤换一回，大都是整撤整换的。明清时期，贵州有名的大方漆器就被选作"贡品"上京献给皇帝。这种漆器作品在当时已经作为家庭陈设品，摆放装饰在书斋、客厅，用此盛装干鲜果品、蜜饯等小食品均可。

### 3. 顺势诞生

北京果脯制作技艺进入皇宫是顺理成章的。北京曾是辽、金、元、明、清"五朝帝都"，只有明代的皇帝是来自有着耕种文化的汉族，其余四朝是来自有着草原游牧文化、森林采集文化的契丹族、女真族、蒙古族和满族。游牧民族的动荡生活，使得他们更加注重并发明了将果品保鲜及保存的做法。随着他们与中原地区日益密切的来往，这些民间的制作方法，在明代时传入中原并进入宫廷。

慈禧太后等皇宫贵人喜爱饭后食用甜点和果脯蜜饯，基本保持了祖先北方游牧种族的口味与习惯，经常从东三省运来桃、榛子、松子、杜梨干、葡萄等干鲜果品。当年紫禁城还在山东、山西、福建等地开辟有专供宫廷所用的果园。北京果脯制作技艺的不断提升，使得果脯由御膳房加工后成为精美的细品甜食。曾经慈禧太后身边的宫女对果脯有细致的描述：宫里头出名的是零碎小吃，秋冬的蜜饯、果脯，夏天的甜碗子，简直是精美极了。

## 二、北京果脯的京味特色

俗话说"十里不同风，百里不同俗"。北京果脯诞生于北京，古时曾作为贡品。这种骨子里的基因和血液具有强大的、与众不同的延续力、同化力、融合力和凝聚力。

在年复一年的传承中，不论从都城文化、市场特色、地理环境等任何方面，北京果脯都显现出鲜明的地域文化。走过的路印证了岁月留痕的力量，北京及果脯的发展，形成了标志性的北京特产，成为其京味特征的一个特色符号。

### （一）北京果脯都城文化的礼仪性

北京果脯是最能显现出首都地域文化的食品，这种文化特征为北京果脯带来发展的机遇，也是都城文化的结晶产物。首先体现在它的礼仪性。

北京是拥有3000多年建城史的六朝古都，有800多年的建都史，拥有几千年的璀璨文化。从古至今无论是国之大事，还是往来小节，我国人民都恪守礼仪并以礼而行。延续到今天，北京传统文化的多元素中，讲礼仪和重面子也被视为很重要的准则。

#### 1. 送礼佳品

从古至今，上至达官贵人下至平民百姓，北京果脯都是人际交往中送礼的最佳选择。北京果脯的这种独有的特点，得益于它地域文化的特殊魅力——北京在文化底蕴方面有着较其他地区更深厚的内涵和吸引力。

北京果脯

蜜饯是满族的传统食品。满族入关以后，该美食被带入北京，逐渐地同化和融合到了北京市民的生活中，果脯蜜饯逐渐成为北京著名特产。北京果脯制作以北方特有的桃、梨、杏、枣等水果为原料。旧京时的报纸曾有标题为《北平特产蜜饯果脯》的文章。它记载着，当时在北平特产食品中能驰名全国，而且具有能够销往外地资格的当数蜜饯果脯。北平果脯品种普通的有沙果脯、苹果脯、桃脯、杏脯、李子脯、梨脯六种，除此之外还有青梅、橘饼、莲蓬子、糖山楂、藕片、蜜枣（金丝枣）、蜜元肉等。

◎《北平特产蜜饯果脯》◎

今天有句广告语说来北京不吃烤鸭真遗憾，说的是中外游客到北京，一定要吃北京烤鸭。无独有偶，从旧京时到现在，延续了多少个年头，我们看到的风景依旧是，当中外消费者离开北京，他们带走的食品中不仅有烤鸭还有北京果脯。

北京果脯使用北方特有的水果为主料加工制作，已经发展为著名的北京特色产品，被带往全国各地。电影、戏剧、书籍中或是老辈人的口述中都有提到这一点，在唐鲁孙所著《中国吃》一书中更是有这样详细的描述："早些年南方朋友到北平办事或观光，离开北平前，总要带点北平的特产、土产回去送送亲友……如果想买点可口零食，十之八九要到干果子铺买几样果脯，用匣子装好，带回家乡送人，那是最受欢迎的北平土产了。"鲁迅先生日记中曾有这样的内容：请朋友代买果脯十五盒，夜赠内山、镰田、长谷川果脯，各三盒。

即使中华人民共和国成立后有一段商品匮乏时期，南来北往的人们送礼时，还是离不开选购果脯。今天商品极大丰富了，我们依然是把北京果脯作为地域特产，带往外地抑或带到国外。时光流逝，北京果脯历经长期的演化和流传，仍是中外食客欢迎和喜爱的地域特产风味食品之一，它誉满京城，驰名全国，远销国外。

## 2. 宴请有面

北京果脯不仅是送礼佳品，就是请客吃饭也少不了它。旧京时在严寒的冬季里，当年金融界大亨周作民和谭丹臣两位请客，就是用蜜饯果脯榅桲拌嫩白菜心下酒，盘子内呈现出脂染浅红，冷艳清新，色香味俱佳。当时这一道带有诗情画意的菜肴，使得几位协和医院的洋大夫到饭馆小酌时，也先点这道榅桲拌白菜心喝酒，说是既开胃还去火。

蜜饯制品最主要的是山楂、榅桲两种带酸性的果子，此外就是海棠果和山里红。《金瓶梅》小说中的饮食文化颇为丰富，书中提及"寿面""寿桃""桃花烧面"等菜肴，还曾多次写到用蜜饯和果子配酒或放入茶水中招待宾客饮用。

古代京师地区民间的酒店，烧酒以花和果品制作，有葡萄酒、山楂露、苹果露、玫瑰露等。这种果酒和花露酒精度数低，对养生也有好处，很受欢迎。

## 3. 市场青睐

旧京时卖水果的除了设摊营业外，稍具规模的统称为"果局子"，果局子内摆放的长条案上，陈列为三尺左右白地青花的大海碗，上边一半盖着红漆木盖，一半盖的是玻璃砖，殷红柔馥，琥珀澄香。人们到此随便装上两罐，走亲戚看朋友，老少欢迎，不丰不俭，固甚得体，留为自用也颇廉宜。

北京果脯是最受欢迎的北平土特产，选购时买哪家商号的产品也很有讲究。在肖复兴所写的《蓝调城南》中可以找到答案："到聚顺和干果铺和长盛魁干果店，买一点正装的北京果脯和糙细杂拌儿……那该是

◎ 1963年中秋节，北京市民在蜜饯果脯摊前 ◎

一种什么样的情景，什么样的滋味？"对聚顺和的果脯产品用"正装"二字来概括，就像现代人所形容的送礼要选最正宗、最有品质与品位的产品一样。

## （二）北京果脯市场多彩的生命力

随着北京果脯在京城有了皇宫及百姓之间的市场需求，自清代末年开始，市场上陆续出现了专营或兼营果脯蜜饯的商号、货栈和商铺，同时水果食品的加工和销售也不断丰富和完善。

### 1. 百花齐放

北京果脯制作以北方特有的水果为主原料，其制作技艺随着时代的发展也日渐达到鼎盛，聚顺和等一批果脯制作和销售的老字号，顺势而生并逐渐成名。

明末清初时，前门外就有了果子巷，仅这一条街上就有61家果行。在清代，北京先后出现了两条有名的果子巷。清代末年，德内大街也出现了果子市，有四五家果行。这些果行有清政府发给的营业证书，当时叫"牙帖"（又称"龙帖"）。北京的果子市行情都由这些果行掌握。

民国时期，旧京的果行销售大致分为两类，它构成了北京地域文化特征的风景线。一类是直接供应老百姓购买的"果局""果摊""果挑"，另一种是代客行销、批发售卖的"南北市果店"。那时并没有太大的果摊，只有应节和应季果摊，销售也不带南鲜细果。但市场上也有做得好的商号发售南鲜北果，并且成为世传专业的商号，他们做的是名誉字号，从不卖劣果，也不欺蒙顾客。这些商号有存货，还有自办窖货的能力。据见到的资料，仅南城就有通三益、义吉成、长盛魁、观音寺、广慎厚、聚顺和、信义源等老北京的干果店。在《晋商史料全览·临汾卷》中记录，清代时期在西四北有仁和栈干果子铺经营干果、山珍海味等；在西直门外南巨丰杂货店也经营此类商品。

当时北京的果市分为两处"大市"：前门外果子市，称为"南市"，以南鲜细果为主；德胜门内果子市，称为"北市"，以本地所产各果品为主。还有被称为"一小"的市场，是东直门外下关南岔十字坡，有果店六七家，各以姓为店名，如老金家店、老卢家店等，专卖北山糙货。京北有驮果的驴垛子（乡村用毛驴驮货的人），他们不进城，由北城斜越到冰窖口查验后，随即到十字坡进店，其店除了销售还可供乡挑小果贩小住，是五方杂居的聚处。南鲜果品有橘子、橙子、蜜柑、柚子、菠萝、甘蔗、百合、枇杷、荔枝、香蕉等，不及尽述。如果将南城以外的干果商铺都统计在内，北京当年干果包括果脯、蜜饯的商号数量已有很多，果脯已成为北京市民生活中经常购买的食品了。

北京市场上除了果局子、果摊，还有的是下街的小贩，分"京挑""乡挑""山背子"三种，都是卖北果的大路货和粗糙果子的，又称为"果挑"。"果挑"卖的绝没有细果，更没有南鲜。被称作"京挑"的，卖的大都是挑拣剩下的，有残缺而且果子小的筐底货。俗话说，就是甩货、便宜货。这种果品虽不登大雅之堂，却也在北京果行中占有一定市场。

"乡挑"是下架双筐的卖甜瓜的高挑，挑盘上蒙以蓝布。挑贩大都是京东农夫，在农隙或歇工年份来京做高挑买卖的。春冬季节来卖大酸枣,夏天卖香果、沙果、苹果,秋天卖秋果、沙果梨、酸梨等。果品虽多是粗糙货,但都能收拾得很整洁,这些货大多是从东直门外下关南岔十字坡发售来的北山货。

"山背子"是乡下人打扮,身背一个荆筐沿街叫卖:"大叶儿白的蜜桃啊!玛瑙红的大蜜桃儿!"这吆喝声意味着,山里自家的果园,自产自销的果品。

### 2. 花市一条街

在《花市一条街》一书里,北京的水果销售市场犹如一道绚丽的风景。如水果摊,在花市西口路南,西花市西部和东部,东花市西部(羊市口以东)就分布有四处水果摊位,长年搭案支棚,根据四季时鲜销售。另外还有两家鲜果局,在西花市附近设门面房。

新鲜水果的买卖在春季进入淡季,此时多经营干果儿,如花生、核桃、瓜子儿、红枣、榛子、松子儿、山里红、黑枣儿、冻海棠、柿饼等,糖炒栗子由海味店供应。进入四月,青杏、绿皮甘蔗、卫青萝卜上市(在当时各种萝卜也被列为水果类)。五月初樱桃、桑葚、大香白杏、巴达杏等应季水果开始露面,接着又有了早熟的扁红桃和五月仙桃、李子上市。六月,甜瓜、香瓜等和庞各庄的黑蹦筋西瓜大量上市,这时果摊转为瓜摊了。西瓜除整个出售外,还会被切成一块块零售。摊主卖瓜的吆喝声此起彼伏。七月,葡萄和名目繁多的鲜枣(品种有嘎嘎枣、老虎眼、大小酸枣、大白枣、郎家园甜枣等),以及菱角、鸡头米、果莲等河鲜也随即上市了。中秋节前,果摊进入旺季,果局门前也摆摊出售。除按斤称了出售外,还将水果堆成一堆叫卖。当时果摊销售品种还是多以北京本地水果——俗称"北鲜"为主,如沙果、香果、鸭梨、京白梨、广梨、沙果梨、酸梨、棠梨、石榴。当时由于交通不便,南鲜果北运价格较贵,只有少量果摊经营蜜橘、橙子、香蕉等,菠萝、柚子、椰子、枇杷、佛手也只是在果局点缀一下门面而已,因为来买这些南方鲜果的多是有钱人家。果摊经营的旺季是春节到来之前,民俗中走亲访友、祭神拜佛上供除需要摆糕点、酒茶,水果是主要的物品,比如必须有寓意四季平安的苹果。一年四季,北京的果品市场丰富多彩,甚为好看。

3. 聚顺和

　　在众多的制作和销售商中，聚顺和的字号在旧京城颇为著名，其中大栅栏西口的聚顺和南货店为总店，最负盛名。聚顺和曾有"果脯大王"之称，年产果脯30万斤，销往世界各地。聚顺和的经营、销售模式及传统技艺一脉传承下来。由被当作历史资料保留下来的聚顺和当时的货单记载，主要货品如下：金丝蜜枣、蜜饯果脯、绿葡萄干、

◎ 大栅栏西口的聚顺和干果店 ◎

◎ 1949年聚顺和档案资料 ◎

◎ 1937年出版的聚顺和工艺历史广告图 ◎

茯苓夹饼。

### 4. "北果"品种

北京果品种类繁多，有桃、杏、李、梨、苹果、香果、沙果、枣、黑枣、红果、秋果、海棠、石榴、樱桃、柿子、槟子等。干货如栗子、杏仁、杏干、核桃、干小枣，水鲜如藕、荸荠、莲蓬、菱角，更有时鲜，如杨梅、柠檬，还有摆盘的装饰果，如佛手、香橼、木瓜等，丰富多彩。

市场上头等的品种有被称为杏中之王，最为香甜，产于老北平宛平县龙泉坞的杏，还有一些今天几乎叫不出名称的产品，如果子吧嗒、梅杏、红梅子、老爷脸（关公脸），最次者是那个地区山后的土杏。中等稍差一些的产品有桃，最先上市的是麦秋桃，这其中又分甜樱桃嘴、酸樱桃嘴两个品种，再晚一些收成的是香桃。再次的品种为萝卜桃、竹叶青、六月白、马窑白、伏桃、蜜桃。较差的品种是李子。

北京以怀柔为例，它地理条件优越，果木品种多，树果优良，为果脯制作提供了得天独厚的产地优势。当时京城中满族王侯将相，食用的果脯品种及自从明代时期就为祭祀大典所用的榛子、栗子、核桃等土特产品，大都与怀柔种植果树的品种一致，怀柔有什么果树，京城就有什么果脯。

## 三、北京果脯的历史辉煌

北京果脯记载着中华民族的辉煌和骄傲。北京果脯制作技艺形成之后，在历史上曾经发生过拯救人类生命的奇迹。北京果脯之所以能够展示、显现它的神奇之处，受到人们的广泛喜爱，除了北京果脯寄托着人文情怀、产品质量好以外，其产品自身所具有的健康养生价值也是重要的原因之一。

北京果脯的营养糖成分最高可达35%，其中转化糖的含量可占总糖量的10%左右。除此之外，北京果脯中还富含果酸、矿物质和维生素C等人体所需的营养元素，果脯被认为是营养好、药用价值很高的加工食品，相比新鲜水果，北京果脯还具有能够保鲜、耐储存、便于长途携带等优势，正是基于这个独特的优势，它成了承载大自然恩泽生命的存在。

我们把时光追溯到15世纪，反观久远而沧桑的历史，需要借助文史资料的记录。翻开《明史》再现出我国明王朝时期，一派立于世界东方文明古国的盛景。在这个时代的辉煌史例中，你也许会惊喜地发现，除了有医学养生、典礼祭祀、市井商贾等方面的著述，其中还有涉及果脯的文字记载：古时的人用羹酒果脯帛祭于文华殿东室。明清两朝皇帝的经筵以及殿试后的阅卷都在文华殿。果脯现身在这种极其庄严与正式的场合。在数百年前庄严的仪式里，我们看到了先祖对果脯的崇敬，但是在震撼的同时，我们需要知道果脯在历史上确实有过辉煌事迹。

明永乐三年（1405年）明成祖朱棣派遣宦官郑和下西洋遍访诸国，郑和率领船队从南京出发，远航西太平洋和印度洋拜访了数十个国家和地区，共计七次，末次航行结束于明宣德八年（1433年）。

这个时期在跨洋航海中，中外的海员们几乎都遇到了生存的危机。《人类简史》一书中讲到，在1761年和1769年，欧洲人曾派出船队外出探索，但是要航行至遥远彼岸，大家都有牺牲的心理准备，因为有一半以上的船员根本无法到达终点，威胁他们的其中一个很重要的原因是坏血病。在16世纪到18世纪，坏血病几乎夺走了两百万船员的生命。那时候人们深感迷惑，不知道什么原因得了此病，就无从知道怎么治疗。

但是细心的欧洲船长惊奇地发现，中国的船员在长途的航海过程中没有受到坏血病的困扰。欧洲人发现中国船员有每天饮茶的习惯，从郑和先后七次下西洋的历程中，他们了解到了中国的船上装有黄豆、绿豆和果脯这三种颇为重要的食物。黄豆、绿豆可以长时间储存，随时发育泡制后食用，而且新鲜的植物苗芽含有大量维生素。对于果脯，欧洲人开始刮目相看。果脯是以水果暴晒后，用蜜或糖浸渍，或用火焙制成的食品，它可以长期储存并且便于携带，而且果脯甘饴的口味是其他食品不可比拟的。后来得益于库克船长、詹姆斯·林德医生对得病的船员做了各种实验，他们才明白问题出在海员们的生活食品给养上。当时新鲜蔬菜和水果的储存、保鲜技术尚不具备，有些食品难于携带上船，其结果是海员们会因长时间的海上航行，导致身体内严重缺乏维生素，从而患上坏血病最终导致死亡。

1734年，在开往格陵兰的海船上，有船员得了严重的坏血病，当时的医疗水平对这种病无法医治，船员们只好把病人抛弃在一个荒岛上。但是等这位船员苏醒后，在荒无人烟的岛上用野果充饥，几天后出现了奇迹——他的坏血病竟然好了。1747年，英国海军军医林德总结了前人的经验，建议海军和远征船队的船员在远航时要多吃些柠檬、酸菜等食物，才出现了转机。后来欧洲人发现了果脯这种含有大量维生素C的极其独特的、便于携带的食物，才攻克了航海的难题。

在郑和下西洋300年之后，英国人才从偶然的事情中受到启发，找到解决航海船员坏血病的方法。我们前辈的智慧给世界留下了一段航海史上的奇迹。这是中国传统食品果脯的制作技艺所结出的硕果。北京果脯引发了一段传奇佳话，被外国人称为神灵妙物的美食，在历史上的辉煌作用不可小视。

## 四、北京果脯享誉世界

在北京果脯制作技艺千百年间的探索和发展中，有这样一件振奋人心的故事被载入史册。这件事情的发生震撼了世界，世人开始注意到北京果脯在中国果脯食品行业的领先地位。这件事情就是北京果脯1915年在巴拿马太平洋万国博览会上一举获得金奖，成就了北京食品漂洋过海为祖国夺得荣誉的历史传奇。

1912年2月，美国政府宣布为庆贺巴拿马运河开通，决定于1915年2

◎ 1915年聚顺和获巴拿马太平洋万国博览会金奖 ◎

月在美国西海岸旧金山举办巴拿马太平洋万国博览会。1913年，北京袁世凯政府开始着手组织招募各省市品牌产品参加这次万国博览会。

当时北平隆景和干果铺的少东家血气方刚，思想新颖，他得到这个消息后，就想把自家店铺制作的果脯送到美国参展，期盼能拿个奖项回来，以拓展自己买卖的市场销路。谁知他把这个想法对古板保守的老掌柜说后，老掌柜一脸不情愿地说："拿咱们老祖宗的好东西去给那些洋人品头论足，不行！"眼看已经开始报名了，而且离参赛的日期也越来越近，少东家急得像热锅上的蚂蚁。这时店铺里的伙计给他出了个主意，说："既然无法拿自家的产品去参加展会，找聚顺和，说服他们去参赛吧！"结果这事居然谈成了。

1915年，聚顺和带着用粗陶制成的绿油油的装满了五颜六色的果脯的坛子，漂洋过海来到美国旧金山。带有浓郁特色的北京果脯产品就像万绿丛中一点红，包装虽简陋，但带着淳朴的乡土气息。最终展会的组委会人员一致认为，中国的果脯果香四溢，吃完后齿颊留香，令人回味无穷，同时包装透露着东方食品的典雅风格。中国果脯以色、香、味俱佳的出色表现，赢得了西方人士的青睐。北京果脯从中外食品中脱颖而出，立刻成为世界公认的一种珍贵食品，从此轰动了国际食品界，聚顺和也因此获得了大会颁发的金质优胜奖章。

历史记录表明，在万国博览会的开幕式上，时任美国总统的伍德罗·威尔逊致贺词，前总统西奥多·罗斯福等国家政要亲临助兴。当天参观者人海如潮，超过20万人，到中国馆参观者达8万人之多，其中包括美国总统、副总统、各部门的高级官员以及本次万国博览会组委会的各国官员。此次巴拿马太平洋万国博览会，是我国历史上第一次组队参加的规模空前、展示各

◎ 聚顺和绿釉陶罐 ◎

国经济发展水平的历史性盛会，从1915年2月20日开幕到12月4日闭幕，历时9个半月，开创了世界历史上博览会时间最长、参加人数最多之先河。中国展品的数量超过所有参赛参展国。北京果脯同茅台酒一样一举成名，轰动了北京，轰动了全国，并从此在世界扬名。

资料显示：我国此次赴美展品达10万余件，计1500余吨，展品出自全国各地4172个出品人和单位。经博览会高级评审委员会评审，中国共获奖章1218枚，为参展国之首。获奖展品除北京果脯、地毯、绢花、毛线外，山东、四川、江苏、浙江、福建、广东等省都有获奖项目，特别是中国茶叶击败了印度茶叶，一举夺得四枚大奖，重塑中国茶叶的世界形象。由于中国参赛品种丰富，品质优良，组委会特定9月23日为"中国日"，并邀请中国驻美公使到会种树刻碑留念。

在1935年出版的《北平旅行指南》中，有关于聚顺和参展情况的记载。后来，著名漫画艺术家李滨声还用漫画的形式形象地记录了旧京北京果脯销售与果脯食品的古朴典雅的包装。中国参加巴拿马太平洋万国博览会这段历史，被视为"中国制造"的"中国特产"，第一次走向世界，也是中国品牌国际化的初始年。在世界舞台面前，古老的中国揭开了自己的神秘面纱，她的魅力令世界轰动，令世界为之倾倒。这次博览会也打开了"中国制造"的世界视野，极大地激励和推动了我国民族经济的发展进程。

◎《北平旅行指南》◎

◎ 1935年《北平旅行指南》中聚顺和 ◎

◎ 1935年《北平旅行指南》刊载聚顺和获奖照片 ◎

◎ 1935年《北平旅行指南》刊载聚顺和企业简介中关于茯苓夹饼的记载 ◎

◎ 1935年《北平旅行指南》刊载聚顺和企业简介 ◎

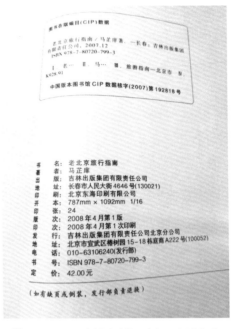

◎ 2008年4月吉林出版社《老北京旅行指南》封面 ◎

◎ 2008年4月吉林出版社《老北京旅行指南》版权页 ◎

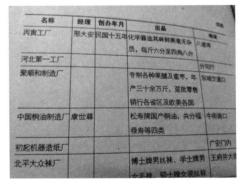

◎ 2008年4月吉林出版社《老北京旅行指南》第295页，该页介绍当年北平的干鲜果庄，其中提及聚顺和两家，分别是聚顺和南货海味庄（位于大栅栏）和聚顺和东记蜜饯果脯庄（位于地安门外）◎

◎ 2008年4月吉林出版社《老北京旅行指南》第282页，该页介绍北京特色食品生产工厂，内有聚顺和制造厂"专制各种果脯及蜜枣，年产三十余万斤，趸批零售销行各省区及欧美各国"之描述。足见1937年聚顺和生意盛极一时 ◎

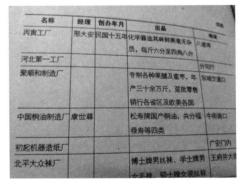

非物质文化遗产丛书

Intangible Cultural Heritage Series

北京果脯

24

菓脯选料最为严格
凡虫病次小一概不
得用 至于莲藕
多选什刹海之
河鲜 嫩藕直径
超过寸五的基本
不用 高杂伴
中绝对少见
李滨声
菡萏淳

◎ 果脯制作（李滨声老人为红螺食品画的果脯画） ◎

果脯选料最为严格。凡虫、病、次、小一概不得用。至于莲藕
多选什刹海之河鲜。嫩藕直径超过寸五的基本不用，高杂拌（伴）
中绝对少见。

早年菓脯生产全为手工（以苹果为例）

第一道工序为削皮　要求一快

二薄　熟练者能削出

一条龙

改刀切块前后左右

切出四块大小应

差无几

李滨声

画并治

◎ 加工（李滨声老人为红螺食品画的果脯画） ◎

　　早年果脯生产全为手工（以苹果为例），第一道工序为削皮，要求
一快、二薄。熟练者能削出"一条龙"。改刀切块前后左右，切出四块
大小应差无几。

陶质绿釉带耳小罐今已不见，原为蜜饯榅桲之包装相传始自民国初年参加巴拿马赛会展品所需由西郊琉璃渠制作后广为应用迄上世纪四十年代

李滨声

◎ 果脯陶罐（李滨声老人为红螺食品画的果脯画） ◎

陶质绿釉带耳小罐今已不见，原为蜜饯榅桲之包装。相传始自民国初年，参加巴拿马赛会展品所需，由西郊琉璃渠制作后广为应用，迄20世纪40年代。

北京果脯

果脯为四季
咸宜消闲食
品大年尤不可
少红黄白绿
彩色鲜艳旧
有红宝绿翠
黄金白银之
说以往染料
为非食品色
近世改为保留
果脯本色
李滨声老人

◎ 年俗（李滨声老人为红螺食品画的果脯画）◎

　　果脯为四季咸宜消闲食品，大年尤不可少。红黄白绿，彩色鲜艳。旧有红宝绿翠、黄金白银之说。以往染料为非食品色，近世改为保留果脯本色。

注　释

[1]李约瑟，英国科学家，世界第一部《中国科学技术史》（共7大卷，约30分册）巨著的主编和主要著述者，早年为创立化学胚胎学成为英国皇家科学院院士。本书其中的部分卷册译成中文并出版。

[2]智人（Homo sapiens），是人属下的唯一现存物种。形态特征比直立人更为进步。分为早期智人和晚期智人。

[3]李颖伯：《格致之路——古都北京的科技文化》，中华书局2015年版，第59页。

[4]司农司编：《农桑辑要》。

[5]《怀柔县志》。

[6]张帆：《频婆果考——中国苹果栽培史之一斑》，《国学研究辑刊》2004年第13期。

[7]《武林旧事》。

[8]刘宝家等编：《食品加工技术工艺和配方大全》下册，科学技术文献出版社2005年版，第133页。

[9]王仁湘：《饮食与中国文化》，人民出版社1993年版，第84页。

第二章

北京果脯制作技艺

从北京果脯的历史渊源、京味特征及制作技艺的雏形演进中，我们已经看出北京果脯制作技艺在日积月累中的逐渐成熟和发展。如果仅从字面含义来看，技艺文化相比于传承文化内容要明确得多。技艺的核心内容是在某个领域的技术、技能和本领，当然还包括了特质的艺术性。

几百年间，北京果脯制作技艺经民间、宫廷至民间的多次反复，成为上至皇室、下至百姓广为喜爱的特色美食。北京果脯制作以北方特有的水果为主原料，北京果脯制作技艺随着时代的发展也日渐达到鼎盛，聚顺和等一批著名的果脯制作并销售的老字号，顺势应运而生并逐渐成名。

我国制作果脯蜜饯的历史已有上千年了。在许多古籍中，都有着用蜂蜜腌制果实的记载。大都是将鲜果放在蜂蜜中熬制浓缩，水分去除后，借以长期保存，称为"蜜煎"，以后逐步演变成为"蜜饯"，后来人们用砂糖代替了蜂蜜。

北京果脯制作技艺的形成具有它内在的生命性、生活性及生态性。它源自大自然，融化于老百姓生活又与京城环境休戚相关。北京果脯制作技艺的传承文化和技艺文化始终有灵魂、有形态、有发展，它是无数劳动人民长期奋斗，在创造中凝聚成的特有的民族智慧。

◎ 以前果脯制作中的晾晒环节 ◎

# 北京果脯的品类构成

果脯和蜜饯在北京历史悠久，产品质地柔软，口感香甜，风味独特。果脯和蜜饯只是南北方称谓不同，都深受中外消费者的喜爱。具体分类如下。

## 一、果脯蜜饯的分类

果脯和蜜饯的分类方法很多。常用的分类方法有按生产地域、按含糖量高低、按加工工艺三种。

### （一）按生产地域分类

根据我国各地区风土习俗的不同，在长期的生产实践中，形成各个地区的区分。主要有京式、广式、闽式、苏氏四大体系。

### （二）按含糖量高低分类

果脯蜜饯属于糖制品，其制作技艺中含糖量是很重要的一项指标，根据含糖量的高低可以分为以下两种。

高糖果脯蜜饯。其形状晶莹呈现出半透明状，口感柔韧浓甜，代表产品有苹果脯、杏脯、杨梅脯、糖青梅等。

低糖果脯蜜饯。以甘草类制品及凉果为代表，产品的果形和块形比较完整，但表皮皱缩、颜色各异，口感也是风味不同。

### （三）按加工工艺分类

分为果脯、普通蜜饯和带汁蜜饯。

#### 1. 果脯

按照北京人的习惯，把含水量低并不带汁的称为果脯。果脯是原料经过处理，糖煮，然后干燥而成，其色泽有棕色、金黄色或琥珀色，鲜亮透明，表面干燥，稍有黏性，含水量在20%以下。这种果制品，也称"北果脯"或"北蜜"，是北方形式的果脯蜜饯。

◎ 果脯成品 ◎

### 2. 普通蜜饯

我国用蜂蜜腌制水果、蔬菜历史悠久，早在春秋战国时期就见诸文字记载，到三国时期已有莲子、藕片、冬瓜条等蜜饯。宋代称为"蜜煎"，其技艺是在传统的盐浸蜜渍的基础上，再加蜜煎，使糖液加速进入果内。宋代蔗糖生产多起来，增添了糖渍橘饼、甜姜等。

糖荸荠、糖姜片等表面挂有一层粉状白糖衣的称为糖衣果脯，也叫"南果脯"或"南蜜"，是来自南方福建、广东、上海等地的加工方法，其质地清脆，含糖量多，又称为普通蜜饯。

### 3. 带汁蜜饯

为了区别，北京习惯把经蜜或糖煮不经干燥工序的果制品称为京式果脯蜜饯，即带汁蜜饯。带汁蜜饯表面湿润柔软，含水量在30%以上，一般浸渍在糖汁中，如蜜饯海棠、蜜饯山楂等。它的色泽和形态有一种独特的诱惑力。

## 二、北京果脯的主要品类

果脯蜜饯产品具有独特的风味，在北京有悠久的历史，深受消费者的欢迎。主要品类有以下几种。

### （一）传统北京果脯蜜饯

果脯主要品种有：杏脯、桃脯、梨脯、苹果脯、蜜枣脯、糖藕片、瓜条、金丝蜜枣等。

蜜饯，可以分为普通蜜饯和带汁蜜饯。北京蜜饯大都是带汁的蜜饯。比较著名的品种有：蜜饯海棠果、红果、金橘、蜜饯杨梅、西梅、炒红果、玫瑰蜜枣、蜜饯杏干、蜜金橘等。

（二）现代北京果脯新品类

北京果脯制作技艺一脉传承至红螺食品，红螺食品将此技艺传承并发展提高了。现今北京果脯的特点是：透、亮、香、筋、净等。

看外观，晶莹通透，冰清玉润；闻一闻，果香浓郁，异香扑鼻；入嘴嚼，口口筋道，酸甜适中；从远望一望，洁净整齐，秀色可餐。款款产品含有丰富的果酸、矿物质及维生素C，极容易被人体吸收利用，是人们休闲食用的甜点佳品。

在保留传统品种的基础上，红螺食品开发了以下品种。

1. 低聚糖果脯、果干系列

随着人们生活水平的提高，对健康食品的关注日益提高，消费者希望食用低糖、营养、风味尤佳的果脯。红螺食品生产的果干系列是果脯的升级创新产品，他们率先在国内采用低温冷制鲜果干技术，不仅最大限度地保留了原果风味及有效营养成分，更保留了鲜果的原色泽，口感好，不粘手，不添加防腐剂，满足人们健康、绿色、营养的现代饮食观念。目前，果干系列有：苹果干、梨干、杏干、桃干、猕猴桃干、圣女果干等。

2. 板栗系列

红螺食品地处怀柔地区，板栗自古就是这里的优质特色产品。这里独特的土壤、气候条件使怀柔板栗有"板栗之冠""天然果脯"之美称。红螺食品生产的板栗制品，色泽美观，肉质细腻，果味甘甜，营养丰富，便于储存，糯性强。他们长年深加工栗仁产品，包括开袋即食小包装栗仁、各种栗仁礼品盒及速冻栗仁等。

3. 京糕（金糕、山楂糕）

金糕是御赐名称，自古就是京味果脯传统产品。现今，红螺食品仍然采用传统方式生产山楂糕。它以山楂为主料，佐以白砂糖、桂花精

北京果脯

制而成。它除了切块吃之外，还可撒上白糖，或与梨丝拌着吃，酸甜绵软，味美可口。

### 4. 脆马蹄

马蹄这款产品可以作为果脯食用，也可作为蔬菜食用，它汁多、味甜、营养丰富。红螺食品生产的脆马蹄小袋食品，开口即食、脆甜润口、方便携带，是旅游和休闲的最佳食品。

近几年，为振兴北京果脯系列产品，红螺食品充分利用企业技术、质量、渠道等优势，加大产品研发力度，提升产品包装文化内涵，弘扬老字号文化，以京味儿文化为主题，在传统果脯产品的基础上注入现代元素，先后开发了冰糖葫芦、驴打滚、紫薯和糯米系列、茯苓饼系列、羊羹系列等产品。

◎ 2008年8月茯苓饼系列产品被评为中国知名特产 ◎

◎ 茯苓夹饼（一）◎

◎ 茯苓夹饼（二）◎

第二节

# 北京果脯的工艺流程

北京果脯制作选料精良、工艺严谨、技艺精湛。纵观历史，从时间上，它是靠一代一代的技师，口授心传，延续至今；在空间上，它受北京地区地理、文化条件等的背景影响，因地制宜、生生不息。这中间的技艺是经过无数果脯行业制作技师，探索钻研精益求精发展造就的。尤其是中华人民共和国成立后，在政府和有关部门的管理下，这项宝贵技艺一脉相传到红螺食品，又经过几代肩负着责任的有担当的人对北京果脯传统制作技艺加以总结，将我国各种果脯制作中通用的步骤和工序记述、总结并传承下来。

北京果脯制作技艺在长期固化和规范中，形成了选料、原料初加工、清洗护色、发酵、化糖、糖制、烘制、加工制成各步骤，在晾晒、火候等关键环节，均根据不同果品、不同季节而做出相应调整，形成并严格遵循每一道工序，用现代科学对精细传统工艺每一个物理、化学变化进行分析，使人们能够揭开北京果脯耐储耐藏、风味独特的秘密，也使得传统工艺可复制及可传承。

在传统北京果脯加工的基础上，从产品的营养成分、科技含量等方面，形成了红螺果脯精工细作的八大步骤，共29道工序的北京果脯制作技艺的工艺流程。

## 一、原料的选择

北京果脯蜜饯的制作中，原料的选择是非常重要的。优良的原材料是生产优质果脯和蜜饯的关键之一。产品的质量主要取决于原料产品的外观、风味、质地以及营养成分。虽然很多水果都可以加工成果脯蜜饯，但种类和品种之间存在着加工适应性的差别。即使是同一个品种的原料，由于加工工艺不同，所得产品口味和质量也不同。选料有很严格的标准，自古延续到现在都是"三选一"原则。

（一）北京果脯主要品种的原料选择

1. 选产地

一般多取材于北京周边果品资源丰富的地区。

（1）苹果脯：多选自怀柔当地生产的国光苹果，其生长过程日照充足。除了外观和大小有要求，含糖量高也是很重要的标准。现在扩大了品种，国光、红玉等都可以用来加工果脯。

（2）杏脯：其原料要求，果品的质地要细嫩瓷实，具有韧性。选择七八成熟的鲜杏用于制作，因其粗纤维少、皮色橙黄、肉厚核小易离核。多取自产于京郊安河，皮色红黄的火燎眉杏，其特色是核小、肉厚、易离核，六月初上市；此外，玉巴达杏、铁巴达杏、山黄杏等，都是适于加工制作杏脯的优选好材料。用作杏干的原料，大多是选择河北省怀来县产的大红杏，这种杏干肉厚、片大、淡黄色、口感酸甜。

（3）桃脯：桃脯采用蜜桃白肉品种制成，此类桃肉质坚硬、味儿甜。主要品种有：陵白桃，形状尖圆，产于京郊山地；快红桃，皮色白、颜色微红、味道酸甜，产于琉璃河；萝卜桃，皮绿色、带红点、个大、味酸甜，产于黄村、廊坊。此外，还有产于大兴的大叶白桃，昌平的沟子白桃。蜜桃选用的是深州蜜桃等。

（4）梨脯：适于做梨脯的品种有河北秋梨、河间鸭梨、山西油梨和黄梨。

（5）蜜枣脯：平谷、顺义产的大糖枣堪称最佳，此外密云、通州、大兴和河北省三河市的泡红枣为原料加工制作的也可以。

（6）糖藕片：原料多取材自京郊海淀、大兴南苑和顺义地区产的白花藕。白花藕银白色，甜脆，藕肉细嫩，又称为果藕。

（7）瓜条：采用郊区产的黑皮冬瓜制作。

（8）香果脯：选自昌平、河北省怀来县的香果，香果皮绿中带有微红色，肉沙性，味酸。

此外，沙果脯、海棠脯、枣脯、青梅脯、红果脯等材料的选择也十分讲究。

## 2. 选果子的大小

制作苹果脯多选怀柔当地生产的国光苹果，选择颜色鲜艳，无斑点、无水锈、无虫害的果实，"4个头"（一斤4个）的果实。严格挑选外形良好不带有微斑的，而且是成熟的果子，这样的原料才适用于果脯制作，否则会有整缸烂果儿的危险。

## 3. 选采摘时机

原材料的成熟度和果品的大小，关系到能否生产良好的、高质量的果脯蜜饯，同时也影响着产品的口味和质量，因此选择采摘时机很重要。如青梅果脯则选用农历小满后的青杏，并在一周内完成收购工作，这时的青杏果肉细腻，加工时易脱核，充分保持青梅果脯的爽脆口感与外形美观。

### （二）北京蜜饯主要品种的原料选择

北京蜜饯大都是带汁的蜜饯，比较著名的品种有：蜜饯海棠、红果、蜜金橘、蜜饯杨梅、西梅等。

（1）炒红果：原料选用产自京西矿区的大红果或称山里红。紫皮带白色的果点，肉紫红色，肉厚瓷实，个头整齐，非常适于炒红果。这个产品适合老年人食用，开胃助消化。春节是它的销售旺季，另外来北京旅游的顾客也非常喜欢选购。

（2）蜜饯海棠：大多选用河北省怀来县产的八棱海棠，过去北京销售时，多用玻璃缸和上釉的陶瓷存放销售。

（3）蜜饯榅桲：大都用京西矿区岭西产的榅桲制作。

（4）玫瑰蜜枣：多选择密云产的小红枣，颜色紫红，表面有光泽，核小肉厚重，个头鼓，不裂口，味甜有玫瑰香。

（5）蜜饯杏干：原料选择河北省怀来县产的大红杏干，这种杏干肉厚片大，淡黄色，味酸甜。

（6）蜜金橘：金橘原料一般用每年冬季十二月浙江、湖南运来的新鲜金橘制成。金橘皮厚，金黄色，个儿小，长圆形，味酸。

## 二、原料初加工

原料初加工是果脯制作过程的第一个重要环节，决定了果脯制作的块形美观程度与产品质量，不同果品其加工手法各异。原料初加工大体分为分级、清洗、去皮、切分等严格的工序，最后形成品质优良、块形完整、果肉纯净的原果块。

### （一）分级

原料的分级是生产工艺中很重要的一道工序。其目的是按统一的制作工艺条件进行加工。分级的方法是按果实大小分级。传统的操作方法是，将大小不同的果实从混合的状态中，通过一定大小的孔筛，分漏下去后再分级。

### （二）清洗

清洗护色的传统操作要点是，去掉初加工过程中切分水果时形成的铁氧化物，保持水果表皮原色，用0.5%的盐水清洗，清洗时间严格控制，根据果料大小不同，约在半分钟到2分钟内。如果清洗时间短，不能完全去除铁氧化物，就会令果脯加工制成的色泽暗沉、口味酸；清洗时间过长，会使果料中水分增大，不利于还原糖的渗透。清洗的目的，是为了清洁原料杂质，保持果料的色泽，随后要进行发酵。

### （三）去皮

选料后，去除外皮是一个重要的环节。因为外皮一般比较粗厚坚硬，有的皮还有不良口味。果蔬原料的表皮对于保护其内部的肉质，对产品的色、香、味、形有至关重要的作用。所以除去外皮时要注意把不易制作产品的表皮去掉，去掉皮后还应该使果脯原料外表光洁。北京果脯制作技艺的特征是，做到水果去皮时"去净外皮不带肉"，去皮不带肉的目的是要防止去皮过度，连果肉也去掉了，这样会给原料造成浪费。

### （四）切分

切分很有讲究，切分讲究"一刀切"。因为制作果脯的原料一般都柔软多汁，切分技术的好坏直接关系到原料是否有利于渗糖及其他添加剂的深入。切好的原料外形要求块形整齐一致，根据原料形状不同和加工的需要，切分成不同形状与大小。如加工苹果脯或是梨脯一般都是纵向切成四块，杏脯一般是对开切分。

以上可以看出，仅初加工就要如此精细，目的就是保证北京果脯的原有品质。

## 三、发酵

发酵糖浆要做到入缸酵香，通过轻微发酵糖浆浸泡，形成水果微孔结构，有利于煮制过程中糖分的进入，增强果香、成品韧性，这是制作果脯的关键一步，对果脯风味提升起着重要作用。通过果浆浸泡，轻微发酵，可以提升果脯风味、增强果香。发酵的主要作用是将果肉中的水分杀出，增强水果韧性，打开水果细胞壁，有利于煮制过程中糖分进入。

旧时，各个果脯作坊发酵糖浆与新糖液的配比，都被视为秘方。各家制作时所加入发酵糖浆的量，均有其独到之处。入缸发酵时，要将清洗后的果料、原料控干水分，倒入盛装发酵糖浆的缸中。整个发酵过程要盖好盖儿密闭，用重物将水果压实封存。以苹果为例，夏天发酵时间短些，秋冬发酵时间要6～8小时。不同果料不同季节，发酵的时间也各不相同。此种方法能保持果实的新鲜程度，防止营养成分的流失。

## 四、糖制

这个环节是要将充分溶解的白砂糖及转化的糖充分混合，将化好的糖液均匀地渗透于果肉组织中，以提高产品的含糖量。糖液的制作是果脯制作的关键所在。糖液的好坏，决定了在糖制过程中果脯还原糖的比例。这不但决定了果脯的营养价值，也决定了果脯制成后是否能够做到"不流糖、不定糖"。

糖制过程，主要是为了保证果品原料原有的水分得以排除，而糖分及果味儿得以保存。煮制方法分为一次煮成法和多次煮成法。传统制作苹果脯、沙果脯、枣脯等，多用一次煮成法，而制作桃脯、梨脯、杏脯等水分多的果脯，多采用多次煮成法。

北京果脯

糖煮过程均有严格的糖液浓度、清渍时间、捞缸控糖等要求，任何细节处理不当，都会造成果脯品质受损。果脯制作的全过程有九道关键工序：化糖液、煮制、一次打入凉糖液、二次打入凉糖液、三次打入凉糖液、出锅、移果、倒缸、浸泡后捞缸。

糖制过程中，糖液要分次打入，打入一遍凉糖液进行一次翻锅，通过热胀冷缩的原理增加糖液的渗透率，同时起到一定的冷却作用，以达到精细控制好果脯煮制火候的作用。打入三遍凉糖液后出锅，将果坯与糖液从铜盆中轻轻移入缸中，制作时做到"出一锅一倒缸"，目的是排除热气，避免果坯在浸泡过程中"窝气"变褐。

加工时在缸中浸泡，根据不同果料，浸泡12～24小时不等，通过最后的复杂化学变化完成果脯糖制的全过程。最后捞缸，将果坯捞至竹屉上，逐个摆放均匀，使果坯凹陷处统一朝上，控糖液需要12小时。

## 五、烘制

糖制过程结束后，就要进入"烘制"工序。

烘制果脯所用的烤房是用特殊制造的"抽风灶"加热，热气在灶内

◎ 果脯真空煮制锅 ◎

形成对流，能够通过增减燃料提高或降低温度，以达到精细化控制，这是北京果脯制作技师们智慧的结晶。如苹果脯的烘制时间一般要在30小时以上，每隔固定时间就要进行一次倒屉、翻屉，以保证烘制均匀。

随着时代的发展，烘制使用的工具略有变化：以往使用竹屉做烘干器具，逐步改成不锈钢器具；以往使用"抽风灶"来晾晒烘干，也逐步改成可控制温度的烤房。烘制完成的果脯出房后要带屉回潮，降至室温后才能抠屉，抠屉要采用特殊工具，以保证果脯完整。

## 六、整形成品

制成的果脯还要经过去除杂质、分级、整形、包装、检验等多道工序后才能完成，完成后的果脯形状美观，如苹果脯要求形状如"琥珀碗"，块形完整，色泽鲜艳，果料润泽，不黏不干。此外还要对每批果脯进行抽检，通过"辨其色、观其形、品其味"，按照严格的规格标准，进行成品包装等程序，最终出厂上市销售。

一般的包装方法采用内衬牛皮纸，再垫上硫酸纸或蜡纸，以防止成品受潮、风干或粘箱。传统包装方法多采用硬纸盒包装，内衬蜡纸或玻

◎ 蜜饯车间枕式包装机 ◎

璃纸，硬盒外观印有鲜艳美观的图案、广告或商标。再将不同的果脯分别装入扁长形果脯盒子，叠成一摞，用纸绳捆扎。这曾是过去人们走亲访友携带果脯时常见的一种方式。

北京果脯以果味醇厚、风味独特而著称。它之所以能获得人们的广泛赞誉并能够传承至今天，正是因其始终严格遵循制作技艺中约定俗成的规范。

◎ 红螺食品现代化的果脯包装车间 ◎

◎ 老北京十三绝
（盒）◎

◎ 老北京十三绝 ◎

## 第三节

# 北京果脯的技艺特征

北京果脯及制作技艺的发展，得益于老北京历史文化的滋养和熏陶，得益于劳动人民的创造和传承，也显示了北京果脯制作技艺蕴含的各种文化基因和技艺传承价值。

北京果脯制作技艺有着鲜明的技艺特征，主要表现在以下四个方面。

## 一、原料选择讲究

北京果脯原料选择的高标准、严要求，在很大程度上保证了北京果脯的良好声誉和口碑。其选料严格精细，如红果，现今选取北京及河北山区昼夜温差大，无污染、无农药和病虫害的优质红果。选取上等原料是最关键的一个环节，如用红薯制脯，则以纤维素含量小的品种为佳。总之，应当根据产品的要求，正确地选择适宜加工的原料品种，才能保证产品质量。

原料的成熟度也很重要，按照果蔬的生产规律，果蔬都有一个从小到大，进而成熟的过程。要生产高质量的果脯、蜜饯，果蔬特别是果品的成熟度十分重要，一般来说，果品的生理成熟度应在75%～85%，而肉质丰富、组织紧密、含单宁较少、色泽鲜明的为好。果实太生，制成的产品达不到应有的色泽和口味，成品易于产生干缩现象；果实太熟，则容易煮烂，不便于加工，也影响产品质量。

## 二、工艺配方独特

经百年实践探索，红螺食品果脯加工过程中形成了独特的工艺配方，如：清洗护色规定用浓度为0.5%的盐水清洗，用此浓度的盐水配合清洗时间，既能防止果品氧化达到护色目的，同时又不会破坏果品的天然风味；发酵糖浆配置要加入制作果脯不同环节形成的糖液，按照一定比例与一定品种的果料相混合，而配置的具体比例与选料则是果脯制作的重要秘方，对于果脯制成的鲜果味道保留与风味提升，具有至关重要的作用。

发酵糖浆的制作也是果脯制作中的秘方，配置好的糖液熬制时间以及火候由富有经验的老技师掌握，熬制好的糖液讲究"勺提一条线，勺舀不粘连"。对于不同品种、不同季节的果脯制作，在发酵、煮制、浸泡、烘制等方面都有严格的顺序和时间要求，以保持产品质量标准恒定。

### 三、加工工具独特

北京果脯在加工过程中，在不同工艺环节采用独特的缸、灶、锅、刀、勺、铲等加工工具，不同工艺流程和工序，搭配不同工具，以保障独特的使用效果。如在煮制过程中，采用红铜整体铸造的大铜锅，目的是防止果坯褐变。炉灶采用专门的"抽风灶"，具有高效对流、节能环保、泄渣简便的特点，煮制火候全凭经验丰富的老师傅掌握。

### 四、加工工艺严谨

北京果脯严格遵循传统工艺要求，制作工艺一丝不苟。

如去皮，讲究"去净外皮不带肉"。打入凉糖液要求分三次打入，第一次在整锅均匀沸腾15分钟后打入。

又如在移果过程中，严格要求每"出一锅一倒缸"。对果脯制成品，按照完整度、吃糖饱满程度进行严格分级，一级果脯要求块形完整，色泽鲜艳，果料润泽，不黏不干。

多年来红螺食品在果脯的生产中始终遵循传统工艺的制作方法。生产技术的一次次升级，既能更好地保证这一传统食品的口味与营养，又能充分保证产品的品质稳定和食品安全性，同时也降低了产品成本、增大产能，在实现传统产业升级的同时，更能充分地满足社会需求。

仅以红螺食品生产的冰糖葫芦来说，为了能够让消费者食用放心果

◎ 红螺枣脯 ◎

◎ 红螺青梅果脯 ◎

脯食品，他们从源头把好关从原料验收、产品加工，再到产品包装、检验入库，以及辅料验收、熬糖等工序都有严格的品控程序。在原料选取方面，企业着力建设种植基地，给予技术支持，采用统一收购的方式，验收合格后入库，保证原材料质量安全。生产过程中，磨料、制球、烘烤、穿串、蘸糖、冷却每道工序都有严格的品控指标，加工后的产品完全符合GB/T 10782标准，总糖≤75%，二氧化硫残留量≤0.35，菌落总数≤1000，大肠菌群≤30，并且产品中不含有致病菌。产品验收合格后进行包装检验入库，然后运输到北京各大商场和超市销售，这样消费者就能够吃到放心的冰糖葫芦了。

第**四**节

# 北京果脯的制作方法

　　我国的果脯蜜饯有悠久的历史，产品具有独特的风味，深受消费者的欢迎。但是由于各地风土习俗不同，加工方法也不尽一样，在我国的劳动人民长期实践中，逐步形成了京式、广式、闽式、苏式四大果脯体系。

　　我国果脯蜜饯种类繁多，加工技艺和方法自然也有不同。只有因"材"适用，制作后的果脯蜜饯才能色、香、味、形俱佳。人们在制作中要考虑果脯蜜饯的原料本身在加工过程中的特点，尽量达到加工后保留和使原果具有更完美的状况。我们现在看到，北京果脯在制作上不断创新，经过加工制作后，呈现出诱人的色彩并且为半透明状，看一眼是享受，吃一口唇齿留香，它使人们得到一种美的享受，不仅好看、好闻，而且好吃。

　　果脯蜜饯的制成是利用高浓度的糖液浸透果肉，既能长期存放，又可增加美味。我国所产果脯蜜饯外形、产品虽不相同，但基本都是按照民间的方法制作的。

## 一、北京果脯的制作方法

　　仅举个别品种作为范例。

### （一）蜜枣

1. 原料

　　蜜枣要用个大、肉厚、核小、无虫蛀、无损伤、皮青绿发白的鲜枣制成。最好按大、中、小三类枣分别加工。北京蜜枣主要用平谷、顺义、密云、大兴、通州等地产的大康枣和山西的泡红枣。这两种枣，形状为长圆形，个大、肉厚、核小、果皮厚、果汁少、肉较松。

北京果脯制作技艺

49

**2. 制法**

（1）枣的糖制工艺都是以全果加工，鲜果和干果都可以加工果脯、蜜饯。先将青枣水洗，然后用划丝器或排针（每个排针15针至20针），在枣皮上划出裂痕，为的是糖能更好地浸入果体，增加食品美观。

（2）放入大缸中浸泡。

（3）用糖煮浸泡。

（4）将枣放入浓度为50%的糖液中加大火煮，使其沸腾。沸腾时再加枣汤2~4升、5~7斤，煮3~4分钟。再沸腾时，再加枣汤2~3升，如此反复3次后，凡是沸腾时即开始加砂糖。加糖这个环节要分6次进行。

鲜枣每100~120斤第一次加糖时，同时加入1.5升枣汤，从第四次开始加净糖，第四、五次加糖14~16斤，每次加汤和糖，都要在沸腾时进行。最后一次加糖，煮20分钟，将枣与糖混一起，倒入大瓷缸里浸泡48小时。

（5）浸泡后的枣捞出，淋干糖液，放在竹屉中晾晒约七天。这时可以选分为大、中、小三类，然后再晒7天左右。白天摆开晒，晚间垛起笼屉，还要经过10余天的晾晒后，即可整形（又叫捏枣儿），将半干燥的枣用竹签收头尾，手捏成梯形，再排入果屉中。

**（二）糖藕片**

**1. 原料**

北京糖藕片是用京郊海淀、大兴南苑和顺义所产的白花藕制成。这种藕藕肉细嫩、肥胖、银白色、甜脆，最适于制糖藕片。糖藕片在市场上多配合其他果脯、蜜饯出售，又叫杂拌。

**2. 制法**

（1）选原料、水洗、刮皮、切片、糖煮、浸泡、凉凉后成为成品。整个制作也很讲究，需要原料精细，清洗洁净、刮皮切片用水煮，糖汁浸泡分次进行，慢慢入味、入色。

（2）第一次先用稀糖煮10分钟，第二、三次各15分钟，每次糖汁的浓度逐次增加。每次煮后，带着原汤倒入缸中浸渍24小时，第四次糖汁最浓，还需再煮20分钟。

（3）最后带汤倒入木槽内，用铁铲子拌冷，使糖粘在藕片上，等待白糖干后即成。

### （三）瓜条

1. 原料

北京郊区产的黑皮冬瓜，青皮肉厚、膛小、肉实，最适于加工瓜条。而白皮冬瓜，肉薄膛大，肉松，制成瓜条品质略差。

2. 制法

原料去皮、切开掏瓤、切长条、切段、石灰水泡、清水泡、开水泡、糖腌、糖煮、放凉、成品（具体制作方法基本如上，大同小异）。

### （四）圣女果脯

1. 原料

先将圣女果清洗干净，从中间一分两半，把子掏干净。

2. 制作

（1）自家制作不加糖和任何调料，所以果脯是原味的。个头比较小的是因为水分都干了，吃起来干干的、脆脆的。

（2）采用烤箱烘烤，因为烤箱内部有热风，可以加速果干的水分蒸发，大大缩短烘干时间。如果只用烘烤模式，烘干的时间就要久一些。

（3）刚烤出来时，果脯有些湿湿的，放通风处晾几个小时就会变硬了。如果是夏天做，晾晒时表面要盖一层薄纱布，防止蚊虫。

（4）去子是为了更好地烘干和加长保质期，也可以不去。如果做

◎ 圣女果干（盒）◎

◎ 圣女果干（盒内）◎

得比较多，又想长期储存，那就找一个干净的密封瓶，将圣女果脯都倒进去，然后用橄榄油浸过所有的圣女果脯后密封保存，7～10天后即可食用。

（五）柿子脯

1. 原料

柿子是我国盛产的水果之一，北京郊区每年产的柿子数量也不少。选择七八成熟，呈橘黄色的硬柿子。柿子营养丰富而且还具有健体养神的功效，对调理肠胃和降血压都有益处。

2. 制法

先漂洗，然后真空预处理（用低浓度的糖液加入柠檬酸），保持数十分钟后，缓缓放气解除真空处理后捞入大缸原液内浸泡12小时。将柿子捞出，用浓度为40%的糖液进行抽真空和浸泡，第一次抽真空处理要将果肉抽到完全透明为止。还要进行加热、冷却、干燥、密封等环节。

## 二、北京蜜饯的制作方法

仅举个别品种作为范例。

（一）炒红果

1. 原料

京西矿区的红果，紫皮带白色果点，肉紫红色，厚而瓷实，个儿整齐，最适于炒红果。

2. 制法

将红果洗净，放入开水中烫煮，使其变软后，去皮去核，再用糖液煮。最后成品块整齐不碎，浅红色，味甜微酸，适于老年人食用。

这种食品往往是由山区果农自己加工制成，他们将红果的外皮和内核去掉，有时加糖，有时不加糖去熬，然后放入事先擦有花生油的瓷盘内，摊得薄薄的，待其晒干后，可搓成卷儿存放。

（二）蜜饯海棠

1. 原料

河北怀来县产的八棱海棠果，皮细，肉厚呈粉红色，个头大，没有虫咬，最适于制蜜饯。

### 2. 制法

北京的蜜饯海棠，有粉红、白两种，制法大同小异。先将海棠果的黑果柄剪去，留约寸许，洗净后，制蜜饯白海棠时，放入开水中烫，即可去掉果肉红色。但制蜜饯红海棠应微火加热，并加红色食用色素少许，小火煮40分钟即成。

质量要求：白海棠肉要软，保持原样，不掉把，色黄白，味甜带微酸；红海棠，色粉红，味甜。

### （三）脆马蹄

#### 1. 原料

荸荠又叫马蹄儿，是莎草科多年生长的草本植物。荸荠可以做水果，也可以做蔬菜吃，可以当食品也可以当药品，有冬春佳果之美称。新鲜的荸荠皮薄，肉细，味甜，汁多，嫩脆，营养十分丰富，是待客和馈赠的佳品。

#### 2. 制法

荸荠的外皮粗糙不能食用，必须将外皮去掉，但由于形体较小，规格不一，表面又不太平滑，去皮儿的操作有困难，特别是一些芽眼处，入肉比较深，削皮非常不容易。制法大致分为选料、去壳、去内衣、漂洗、漂烫、糖制、包装几个环节。

### （四）糖葫芦

糖葫芦是首都具有独特风味的特产，每年春节前后生产最多。

#### 1. 原料

红果、海棠、山药豆、核桃、杏干、桃干。

使用原料可分为生料、熟料、带馅和不带馅的四类。

#### 2. 制法

生红果：用京东蓟县产的皮细、肉白、不太酸的红果。选好的红果先消毒，再用刀挖核，7～10枚穿一串，然后蘸糖。

熟红果：用上述同样原料煮熟，去核。5～6枚穿一竹串（也有加入豆沙或山药泥的），再用布裹起来压扁，然后蘸糖。

生海棠：用京郊的八棱海棠，选出大的洗净后，去柄。5～8枚穿一串，顶端一个海棠带有柄，然后蘸糖。

山药：用京南马驹桥产的麻山药（又名花白，水分小、发面、甘甜、肉结实），先用火烤毛后用布蘸白砂糖把皮擦净。在锅中加上少量白矾，微火煮一小时。冷却后切成四两至五两重的小段，用竹扦子穿串，然后蘸糖。

桃干、杏干：用京北昌平区所产的桃干、杏干，先用水泡软，捞出后上锅蒸。蒸好把两片果干捏在一起，中间加黑瓜子仁。用竹扦子穿串儿，然后蘸糖。

核桃仁：用京西矿山区产的核桃仁，块儿大，黑皮，肉白色，先用温水将核桃仁泡2～3小时使皮变软，以防穿串时皮脆。穿串后晾干水分再蘸糖。一串甜香美味的糖葫芦才做完。

# 北京果脯传统习俗

第 ③ 章

我国是农业大国，先人创造了绚丽多姿的节令与习俗文化。这些节令与习俗紧密地伴随着我们的生产活动及历史发展，在我们日常生活中，已经潜移默化地形成模式。它不仅成为一种规范人们的思想行为，而且年复一年地，节令和习俗已经形成了无比强大的民族凝聚力，很多宝贵的岁时节令习俗已经成为珍贵的非物质文化遗产，并成为中国传统文化的瑰宝。

在民以食为天的今天，每到了什么节令就吃什么，大家不约而同地一起吃饺子、吃元宵、吃粽子、吃月饼。

我国人民这样认为，没有内容和文化的形式，节令和习俗将是干瘪乏味的。习俗的伟大力量紧密地伴随着社会生活和历史的发展，它的价值已经是一种物质文化价值。在这种物质文化转化为精神文化的过程中，人们通过文化性的节日，追求更高的生活品质和品位。节日作为一种文化，永远具有增长的价值，是一种文化遗产。北京果脯的节令与习俗，正是这些宝贵遗产中的一部分。

# 第一节

## 北京果脯的节令色彩

果脯的食用与节令习俗是分不开的。在物资匮乏的年代，虽然果脯一年四季可食用，但产品稀有价格较贵，对一般市民来讲，也是一种奢侈的食品。平日老百姓是舍不得买的，总是把果脯当作礼品或节日食品享用。果脯的食用与节庆是分不开的。食用果脯，是老北京各民族人民节庆及节日的重要内容。历史上的一些重要节日以及二十四节气中，人们在果脯食用和消费方面，也逐渐形成了相应丰富的习俗。

## 一、春节里的杂拌儿

一年之计在于春。春节是我国人民最隆重的节日。明代官员刘若愚的《酌中志》一书中，描述过旧京春节时的"百事大吉盒儿"。盒内盛有柿饼、荔枝、桂圆、栗子、熟枣等，老百姓称为"杂拌儿"，它是由多种干鲜果品掺在一起而成的。这些食品不但平民百姓喜欢吃，慈禧太后和皇宫里的达官贵人，也喜爱吃这些成色漂亮、味道佳的果脯食品。在《红楼梦》中，有多处与果脯相关的"果子盒""杂拌儿"等细节的描述。如袭人家招待宝玉，用的是细果盘，内装细果的果子盒；但是对待焙茗呢，就是捧一大捧杂拌儿，放在他衣裳里了。

光阴如梭，近代老百姓的春节餐桌也非常丰富，有蜜供、套饼、寿桃、馒头、花糕、年糕、炸素丸子、素炒菜，除此之外，百果必不可少。新鲜的水果放满厅堂，有苹果、柑橘、栗子等，更有小孩子们最爱吃的什锦果脯，包括甜的干果、芝麻糖、瓜条、青梅、蜜枣、山楂糕、花生粘、核桃粘、豆沙馅、芝麻糖、油枣、枇杷条、小开口笑、糖莲子、米花糖、虎皮杏仁等，它们与果脯掺和在一起，被称为"杂拌儿"。这是家家户户守岁时必吃的小食品。杂拌儿色彩鲜艳，吃起来又香又甜又脆，体现出五彩缤纷的生活，透出新年新岁、喜庆甜蜜的气氛。

说到细粗杂拌儿的果脯食品，旧京时各大干果店均有出售。但是在店外也有一道风景，自古至今，不论是达官贵人，还是平民百姓，被称为杂拌儿的果脯，都是他们春节不可或缺的食品。

杂拌儿也是商铺销售的干鲜果行，到年底时要清仓和推销果脯所采取的一种方式。旧京时，销售杂拌儿的地方主要有德胜门、朝外大街、果子市、天桥这四处。许多商店是前店后厂，这些字号自己制作的山楂糕、果脯向外批发。快到年底时，这些干鲜果店就把腊八节没有卖出去的桃脯、杏脯、苹果脯、梨脯、糖莲子、青梅、山楂、金糕条、青梅干、瓜条、糖藕、金丝蜜枣等混掺杂在一起，作为"杂拌儿"销售，老百姓称它是"细杂拌儿"，这是守岁时最受孩童欢迎的消闲食品。此外还有粗杂拌儿与糖粘杂拌儿。粗杂拌儿是花生、瓜子儿、大枣、炒蚕豆、柿饼等的混合；糖粘杂拌儿是核桃粘、花生粘、豌豆粘、什锦南糖等的果脯。

春节期间，鲜果和干果也是应景的热销品。商家常用小柳条筐和小蒲包，将花生、核桃、柿饼、糖炒栗子、苹果脯、金橘等，分成斤两不同的包装后，上面盖张红纸，用红色的麻经绳系之，格外喜庆好看。

## 二、年夜饭里的荸荠

熟制后的荸荠也是果脯中的俏货。它不但好吃，而且由于谐音"必齐"或"备齐"，所以它也是过节时老北京人的宠爱食品。过去除夕的黄昏时分，街上日渐清静的时候，胡同里依稀见不到人影了，就在这时候，会传来一声声"买荸荠喽！买点儿荸荠喽"的吆喝声。家里的大人们会应和着："对，荸荠！"卖荸荠的人再问："年货都备齐了吗？"回："备齐啦！"人们彼此点头笑笑，这样就算是提前互相拜年了。

现在，这样的民俗传统早就不见了。老百姓再也听不到除夕的黄昏里那一声声"买荸荠喽"的叫喊了，也听不到大人们像小孩子一样答："备齐啦，备齐啦"的回应声。时光荏苒，这些情景已经成为很多老年人过年时的记忆中的味道了。

肖复兴在《除夕的荸荠》中曾回忆：除夕，他的父亲总是会买一些荸荠回家，恪守着老北京这一份传统，觉得这音有个吉利的"必齐"的讲究。然后常常是用水煮熟，再放上一点白糖，让他和弟弟连荸荠带水一起喝，说是可以去火。现代红螺食品已将荸荠制熟后加工成小袋包装的美食，不论是节庆还是平日里，消费者都能非常方便、干净地食用。

《清嘉录》有记载：除夕的年夜饭是用新的竹箩盛饭，饭中放置荸荠、红橘、乌菱诸果和糕元宝，并插松柏枝，陈列中堂，等到新年蒸熟食之。闵玉井的《蒸饭》一诗中描述了年饭，"苍翠标松正，青红钉果匀"。

## 三、果脯年糕的美好寓意

春节，我国很多地区都讲究吃年糕。年糕又称"年年糕"，取

"年年高"谐音，意寓人们的工作和生活一年比一年高。年糕好吃是因为辅料中大量使用果脯，把做好的年糕切成桃核大小，晾干油炸，滚上糖，撒些青丝、红丝、青梅、瓜条等，即可食用。果脯在这道美食中功不可没。

2014年中央电视台春晚中，曾出现一个红螺食品制作的特别大的年糕，这个底层直径达1.2米、高9层、重达200多斤的塔式年糕并非摆设，是货真价实可以吃的大型美食道具。大年糕食材来源丰富，有红螺食品提供的五颜六色的精美果脯。京糕条代表来年顺顺当当；枣脯代表生活甜甜蜜蜜；青梅脯代表新春纳福；太平脯代表平平安安；胡萝卜脯代表红红火火。民族传统果脯切成小丁或整块，撒放在年糕的最上面，五颜六色，喜气吉祥。

## 四、果脯是庙会上的热销品

年复一年的庙会，是山区与郊区特产同平原和市区特色物产交易的平台。比如类似杂拌儿的果脯，在厂甸、龙潭湖、白云观及郊区怀柔庙会上都常有摊贩出售。一般商家不叫杂拌儿，称为"杂抓儿"。山区的商品与城内各大干果店所售年货不同，他们所卖的食品多为山区自产的桃脯、杏脯、各样蜜饯果脯金糕等。北京有句老话：山里杂抓唱得好。就是犹如待馀生所著《燕市积弊》中有段"杂抓歌"说的："买的买，捎的捎，三个大钱儿闹一包，十包、八包往家买，三包、五包往回捎。有青梅、有瓜条，还有深州大蜜桃。来回庙上你不买，到了家里，你也摸不着。加了堆儿来呗，给的倒比豆儿还多！" 有首民谣唱道："过大年好喜欢，吃了杂抓儿能抓钱，不挣钱的学生抓识字，大姑娘抓针线……"唱的是卖杂抓儿的事。

在庙市上，干果是主要商品之一，怀柔的大扁杏仁、栗子等很受欢迎，这些原料既可制作果脯，也可做太阳糕、月饼等食品的辅料。不论是以前，还是今日，果脯都是怀柔山区农民一项主要经济来源。2006年北京市政协《北京文史资料（怀柔卷）》记载：1953年供销社收购商品杏仁时，即达93万多斤，其中大扁杏仁占了1/3。

## 五、八宝饭中果脯垫底

老百姓逢年过节习惯做八宝饭，就是用一只洗净的大碗，内放八种果脯、果仁等干果料垫底，然后把洗净的黏米或糯米放入碗内，适量加入清水上锅蒸。米熟后，将碗内之饭倒扣于大盘之上，形状如同一大馒头状的糕点，五颜六色，好看又好吃，做八宝饭除了糯米，五颜六色的果脯不可或缺。

## 六、春分时节吃花糕

农历二月初一，有时与春分节气重合，俗称"太阳生日"。《燕京岁时记》中记载："二月初一日，市人以米面团成小饼，五枚一层，上贯以寸余小鸡，谓之'太阳糕'，都人祭日者买而供之，三五具不等。"太阳糕上要放青丝、红丝，这是最大众化的果脯类制品，一般油盐店内均有出售。太阳糕既是祀日的供品，又是应节的食品，太阳糕乃取"太阳高"之意。

## 七、酸梅汤、枣儿汤、杏干汤

我国自金代就有了"法定节日"，三伏天也歇息，每伏均放三天假。那个年代老北京人讲究，在炎热的三伏喝三种汤防暑降温，三种汤都与干果有关。前门大街"九龙斋"的酸梅汤是老北京人的最爱，也有很多家庭是自制酸梅汤，到干果店或中药店买酸梅和蜜桂花回家，可以用开水泡，也可用净水煮沸，加白糖或冰糖凉凉了喝。

除了降温的酸梅汤，第二种叫枣儿汤，其做法是把干枣洗净，放到开水锅中去煮，直至将枣煮开了花，再放白糖、黑糖或冰糖入内，凉凉后饮用。枣汤也可用小酸枣煮。北京人讲究吃今年的鲜枣，喝去年干枣的汤，说是去暑热，对心脏和肾脏有好处。

第三种叫杏干汤，也有将其称为"杏干水"的，是用好杏加凉水泡成的一种饮料。杏干汤是用干净的凉水熬成的小吃，每买一小碗，均要放一小勺白糖。北京人所用怀柔的果脯以蜜饯杏脯为最多，这是因为杏的成熟期集中，产量大又不易保存，故多晒干或制作蜜饯等。

## 八、月饼馅里的果脯

有传说，乾隆皇帝生肖为兔，在每次中秋时节，为他祝寿的万寿节庆典宴会上，或每到盛大节日贺典，其御膳中总有蜜饯摆上桌。一是各种山林野果是满族食品组成部分，二是取"甜甜蜜蜜"的吉祥寓意。对干鲜果品有定额要求，干果、蜜饯12种，每种各10两。这些果脯挑选出来之后，很大一部分用于制作月饼了。清宫御膳房专设有点心局，专门生产糕点为皇家所用。果脯和干果、果仁是制作点心的重要原材料。民间以东四大街的芙蓉斋的饽饽铺颇为有名，不但月饼好，所售的蜂糕也以辅料齐全著称，如核桃仁、瓜子、芝麻、蜜枣、青丝、红丝、玫瑰、桃脯等样样齐全。

北京的中秋习俗有两大特色：一是京式月饼，二是带有玩具性质的兔儿爷。京城的"中秋月饼"特指"自来红""自来白"及用于供月的大月饼"团圆饼"三种。自来红烤色较深，内以冰糖渣、桂花、桃仁、青红丝为馅，外画一个红色圆圈，圈内扎有小孔；自来白是以猪油和精白面烤制而成，内为什锦馅；团圆饼为自家制作的烤饼或蒸饼，内放红糖，上覆青丝、红丝或果脯。中秋节真是果行大显身手的节日，也是扩大干果原料来源和扩大销路的旺销和促销时期。

## 九、重阳节的花糕果脯多

九九重阳节，登高吃花糕，因"高"与"糕"谐音，故花糕谓之"重阳糕"，寓意"步步高升"。花糕主要有糙花糕、细花糕和金钱花糕。糙花糕粘些香菜叶为标志，中间夹上青果、小枣、核桃仁之类的糙干果。细花糕有三层、两层不等，每层中间都夹有较细的蜜饯干果，如苹果脯、桃脯、杏脯、乌枣之类。金钱花糕与细花糕基本类似，只是个头较小，如同金钱一般，价格较贵。丰富多彩的果脯为各式花糕增添了独特美味和美色。

## 十、腊八节与果脯分不开

每年的阴历腊月初八，是我国传统的腊八节，"腊"是我国远古时代一种祭礼的名称。这一天，人们的习俗是喝腊八粥，也是一种特定的节日饮食文化。腊八粥又称七宝五味粥，是以粳米、白米、江米、珍珠米、薏仁米、麦仁儿和黑米等做成的，还有白果、百合、莲子、桂圆、绿豆、花豆等，再配以蜜饯食品。

《武林旧事》书中说，寺院做的腊八粥用胡桃、松子、柿、栗子之类。腊八粥不但营养丰富，还香甜可口。老舍先生曾经感叹，这不是粥，而是小型的农业展览会，意思是腊八粥太丰盛了。

# 北京果脯吃法多样

色彩缤纷的北京果脯鲜亮清透、酸甜适中、爽口滑润、回甘芳香、果味浓郁，吃法更是多姿多彩，有滋有味。每一个品种都有自己争奇斗艳的一席之地。它在正餐或是小吃抑或是休闲食品中都是人们津津乐道的美食。正是有了消费者的厚爱，北京果脯市场才得以绵绵不断地成长和发展。

## 一、果脯作为休闲食品和美食辅料

北京果脯吃法多样，尤其是传承至红螺食品后，不仅有果脯系列产品，还研发出很多北京小吃休闲食品，不仅丰富了果脯的种类，吃法也是多种多样。

### （一）怀柔板栗

板栗素有"干果之王"之称，在我国有着悠久的栽培历史。怀柔一直以来享有"中国板栗之乡"的美誉，是我国重要的板栗主产区。怀柔板栗除了可以做糖炒栗子、烤栗子、板栗鸡、板栗红烧肉外，还可以做成美味糖炒栗子。现在市场上的栗子脯，也是深受消费者喜爱的果脯之一。

### （二）圣女果脯

圣女果又名葡萄番茄、小西红柿、樱桃番茄、珍珠番茄，在国外又有"小金果""爱情果"之称。红螺食品挑选怀柔农业的优等圣女果加工而成的圣女果干，不但完整地保留了新鲜圣女果的营养物质，而且还根据人们对健康的不同需求，制作了原味圣女果干、无糖圣女果干、低糖圣女果干三大系列。原味圣女果干最大程度地保留了原果的味道，让你领略到大自然的味道；无糖圣女果干不仅满足了无糖人群的需求，而且还添加了功能性成分；低糖圣女果干添加了低聚糖类，比蔗糖的甜味清爽。圣女果有营养、颜值高，除了日常休闲食品吃法外，还可以切成小丝，在蒸馒头、做面包时撒在顶上，好吃又好看。

**（三）金糕**

金糕是红果和白糖制作的美食，白中夹红，十分好看。食之甜中略酸，十分爽口，尤其是逢年过节，人们吃多了鱼肉，吃一口爽口清淡的金糕，立即觉得食欲大振。

金糕有许多品种，八宝金糕、桂花蜜糕、改良花糕和水晶金糕等，味道有别，各具特色。八宝金糕即往金糕中加入一定量的果脯、果浆等，外表美观，吃起来风味独特；桂花蜜糕是往金糕中加入少许鲜桂花，味道清香，以甜为主，不甚酸。金糕可以配菜，有名的金糕梨丝，就是将金糕和梨都切成细丝，放入少许白糖，搅拌即可。

金糕做成的美食，可作为零食或小吃，也是个好吃食。现代人有智慧，红螺食品就把山楂糕做成鱼的形状，名为"山楂鱼"，符合红红火火、吉庆有余的寓意。每逢过年期间，山楂鱼不但零售，而且登上了高档餐饮店堂的餐桌，产品销售火爆，供不应求。

**（四）茯苓夹饼**

提起茯苓夹饼，它虽然不属于果脯蜜饯的类别，但确是北京人家喻户晓的食品。它问世以来，除了作为菜品、中药等，几乎一直是在果脯的柜台中销售。茯苓夹饼营养丰富，口味鲜美，具有滋养肝肾、补气润肠、健身减肥、抗衰延年之功效，长期食用，可增强体力，养颜护肤，是馈赠亲友的佳品。

《红楼梦》里有它的吃法，当年粤东的官员选择当地千年松柏四周的茯苓精液和成了药，形成非常

◎ 茯苓核桃糕 ◎

好看的白霜儿，放在小篓子里作为门礼送至宫廷和大宅门。达官贵人食用时采用人乳和着，在早晨吃非常补人，次之是用牛奶或是用滚开的白开水和后食用，营养价值都极高。

早年间在王府井大街路西有一家整天关着门没有招牌的碾房，每天早晨三四点钟，店主将水淘过的大米，掺上茯苓碾成面儿，做成"糕干面儿"。由于产量不多，人们必须起五更去蹲门排队，一大早很快就卖完了。用茯苓做成的东西，对老幼或孕妇来说都是最好的滋补佳品。

（五）羊羹

在唐代，羊羹为高贵人家的一种休闲点心。其制作简单，原料只用红小豆，煮制后凝结成块，切成长方形食用，因此亦被称为"豆沙糕"，后又被称为"羊肝饼"。清代，在御膳师傅制作的种类繁多的食品中，用豌豆加工的豌豆黄，用红豆、绿豆制作的红豆凉糕、绿豆糕，都是深受皇族喜爱的美味。中华人民共和国成立后这些食品由深宫走入了民间。

羊羹不仅外形美观，口感细腻、滑润，而且还具有一定的药物作用。它含有多种有利于人体吸收的矿物质、蛋白质等营养物质，对促进消化、养颜更有食疗作用。栗子羹是羊羹中的精品，栗香浓郁，深受各界朋友的喜爱。羊肝羹具有养肝明目的作用，红果羹具有软化血管的功能。羊羹不仅可以作为茶余饭后的精美小吃，现在红螺食品还将它制作成了小袋果脯，成为人们休闲、旅游及茶点的最佳选择。

（六）艾窝窝

艾窝窝是北京传统风味小吃，它是用江米粉做成的雪白的糯米饭团，顶上还有一个招人喜爱的红点。外皮用的糯米是已经蒸熟的，小饭团里的馅是事先炒好的芝麻、青丝、红丝、绿丝、桃仁、瓜仁、芝麻仁和白糖，所以做成之后就能食用。《燕都小食品杂咏》中说："白粉江米入蒸锅，什锦馅儿粉面挫。浑似汤圆不待煮，清真唤作爱窝窝。"

糯米蒸好冷却后，裹以各式之馅，用面粉团做成圆形，大小不一，价格也不同，可以冷食，也可以油炸后食用。糖卷馃也是北京人爱吃的美食，主要原料是山药、金糕等。制作时也必须将青梅切丝，金糕切条，加入桂花撒上芝麻等。

### （七）芸豆

芸豆蒸时极易烂，食用时或撒椒盐，或拌白糖均可。豆分红、白两种，每日晨间售卖，老人多以之为点心，因其烂已如泥，不费咀嚼。《故都食物百咏》盛赞曰："云豆新贮煮满篮，白红两色任咸甘。软柔最适老人口，牙齿无劳恣饱餐。"

红螺食品生产的大芸豆，是经过精加工后，充分浸泡在清甜的蜜汁中，高温熟制后制作成芸豆脯，口感柔软，味甘清甜，但不甜腻，深受老年人和孩子的喜爱。

### （八）薯仔

这是红螺食品京味儿小吃的创新产品，主要原料是红薯。红螺食品把它包装成精美的橄榄形状，在市场上很畅销。

果脯蜜饯除了作为休闲小食品及在加工各种小食品时作为馅料以外，还可做适合的饮料、罐头等，也深受消费者喜爱。《齐民要术》中介绍了当时用水果制作杂果汁儿的方法，可以做冬瓜汁、乌梅汁、橄榄汁、橘汁、石榴汁，兑入姜汁蜂蜜，加水煮开澄清放凉可储存数日饮用。这种杂果汁儿清凉浓郁，别具风味。

◎ 红螺食品的创新品种薯仔 ◎

## 二、果脯蜜饯用于宫廷宴席

果脯在餐饮中的地位也很显赫。北京果脯从商场、超市登上老百姓餐桌，也进入高雅店堂，在有名望的餐饮界同样发挥得淋漓尽致。满汉全席[1]兴起于清代，是集满族与汉族菜点之精华而形成的历史上最著名的中华大宴。

### （一）仿膳饭庄满汉全席中的蜜饯

仿膳饭庄满汉全席共有五度宴席，每一度宴席都有"四蜜饯"的配置，而且每度宴席配置的四蜜饯都大有不同。

其中第一度宴席配置的四蜜饯为：蜜饯白梨、蜜饯银杏、蜜饯桂圆、蜜饯苹果。第二度宴席配置的四蜜饯为：蜜饯金枣、蜜饯樱桃、蜜饯海棠、蜜饯瓜条。第三度宴席配置的四蜜饯为：蜜饯桂圆、蜜饯鲜桃、蜜饯马蹄、蜜饯橘子。第四度宴席配置的四蜜饯为：蜜饯菠萝、蜜饯红果、蜜饯葡萄、蜜饯青梅。第五度宴席配置的四蜜饯为：蜜饯龙眼、蜜饯槟子、蜜饯鸭梨、蜜饯哈密杏。

### （二）听鹂馆饭庄满汉全席中的蜜饯

听鹂馆饭庄的满汉全席只有第一度"万寿无疆席"有"四蜜饯"的配置，即桃脯、蜜枣、藕脯、蜜饯红果。

### （三）御膳饭庄满汉全席中的蜜饯

御膳饭店的满汉全席分为"六宴"，均以清宫著名大宴命名，而每一度宴席也都有蜜饯的配置。其中第一度宴席叫"蒙古亲藩宴"，配置有"四甜蜜饯"为：蜜饯苹果、蜜饯桂圆、蜜饯鲜桃、蜜饯青梅。

其他还有三度宴席配置了"四蜜饯"，分别为：第二度宴席的蜜饯金枣、蜜饯樱桃、蜜饯海棠、蜜饯瓜条；第三度宴席的蜜饯桂圆、蜜饯鲜桃、蜜饯马蹄、蜜饯橘子；第四度宴席的蜜饯菠萝、蜜饯红果、蜜饯葡萄、蜜饯青梅等。

### （四）通赐百官宴

《大明会典》记载，明代"凡立春、元宵、四月八、端阳、重阳、腊八等节日，永乐间俱于奉天门通赐百官宴"。能有权登上桌面入座的官员享用到的美味里都有果子和茶食。招待"番夷人等"的宴会，其

北京果脯

中：果五碟，核桃、红枣、榛子每碟一斤，胶枣、柿饼每碟一斤八两。这仅是常宴所食用，如遇"大宴"就更丰富了，其规格是茶食、果子、按酒各五盘。

# 北京果脯的记忆味道

北京果脯蜜饯是北京最具地域特色的美食。在京城几乎每个人都食用过它，与它有着不同的故事和情缘。有人说，如果把北京果脯的品种展开堆放在一起，就好像打开了一幅人生的画卷。其中既有童年的感觉、初恋的味道、中年的稳重，还能寻觅到老年的幸福，想起来真是如此。一份小小的北京果脯沉淀着浓浓的北京气息，自古至今它给北京这座城市以及生长在这里的人们，留下了深深的记忆味道。

清代，在北京怀柔的红螺古刹，康熙皇帝曾偶然品尝到寺中一颗腌制多年的杏脯，它色泽艳丽、香甜可口、芳香四溢，立即被康熙皇帝定为贡品。这些来自民间又出自宫廷，备受老百姓喜爱的北京果脯，历经长期演化、流传，在时空的经纬中慢慢沉淀出它的价值，直到今天已经在北京市级非物质文化遗产名录中榜上有名。

北京果脯与我们的精神与物质生活的命运一起变迁，并紧紧相连至今。这份特有的情缘带着沁人心脾的芳香扑面而来，我们从以下几个方面描述并见证北京果脯的记忆味道。

## 一、节令和习俗的味道

### （一）北京的冰糖葫芦

北京20世纪50年代的大长的冰糖葫芦是春节期间厂甸庙会的一道亮丽风景。在那里游人接踵比肩熙熙攘攘。花鸟鱼虫、工艺品、小人书、拉洋片儿、杂耍让人目不暇接。有各种好看的、好听的、好玩儿的，还可以品尝到名目繁多的小吃，但是最吸引游人的当数冰糖葫芦。

以前每逢春节在厂甸庙会总会看到这样的情景：不少孩子骑在父亲的肩膀上，手拿一串很长很长的冰糖葫芦，有的还在竹扦子顶端或中间位置粘上用彩纸裁成的小三角旗，行走时随着彩旗飘动，似乎那串糖葫芦微微颤动，真是别具一格、极富情趣的民俗大观。

那时候人们都习惯管它叫"冰糖葫芦"，可是听老辈人说，这些糖葫芦不都是用冰糖所做，用普通白砂糖做也可以。现在想起来那层薄薄的金黄色的糖皮裹在山里红外层，酷似冰糖的感觉，不仅看着好看，吃起来更是酸甜可口。叫卖的吆喝声也很是诱人："冰——糖——葫芦！"吆喝声抑扬顿挫，腔也拖得长长的，常常吸引不少孩子央求长辈给买上一串。

糖葫芦一般是用红果做的，也有用山药、海棠制作的。有讲究点的，还会在红果上用刀割一个口子，把子弄出来，里面塞进青红丝（果脯）或豆沙等原料。还有用压扁了的熟山里红做的，有的一串用上好几种口味的食材，就显得更加诱人。

这种大糖葫芦就是赶庙会时才有，之所以习惯称为"赶庙会"，因为只有在庙会上你才可以买到很多平时里没有的货品，再有庙会也不是天天有，所以一个"赶"字是非常形象的说法。

**（二）年味的杂拌儿**

过去春节时商店里经常卖一种"杂拌儿"，也给北京人留下了深深的印象。俞平伯先生写过一本文集，起了一个很好的名字，就叫作《杂拌儿》。外地人看了这个书名，也许还有些费解，而北京人看了，感受到的却是从内而外的亲切。

杂拌儿是北京旧时过大年时，无论贫富家庭都要预备的一种食品。对于过年，最感兴趣的当然是家里的孩子们，他们除了能穿新衣、戴新帽，给长辈拜年磕头能拿压岁钱，更重要的是能够有好东西吃。而在零食中，最受欢迎的就是杂拌儿了。之所以叫"杂拌儿"，就是因为它杂七杂八地聚齐了各种果脯，而且样样都好吃。不仅有干果、芝麻糖、瓜条、青梅、蜜枣、山楂糕，还有花生粘、核桃粘、豆沙芝麻糖、糖莲子、米花糖等。新年新岁要喜气洋洋，杂拌儿在色彩上就显示了这点，红的是山楂糕，绿的是青梅，金黄的是梨脯，粉红的是染了色的花生粘、核桃粘。这些食品不但色彩鲜艳，吃起来又香又甜又脆，而且沉淀出我们对五谷丰登美好生活的憧憬。

## 二、礼仪和时尚的体现

我国是礼仪之邦，礼仪文化延绵数千年传承至今。它是中国传统文化中占有突出地位的文化行为方式，也是我国的传统文化中不可或缺的组成部分。礼仪起源于先人的礼仪活动，是在社会发展中约定俗成并逐渐演化和发展完善的。而果脯文化在礼仪文化中能够起到载体的作用。

我国人民珍视的是情感，珍藏的也是情感。所以老百姓生活中是有故事的也是有情感的，但情感总要有一个物质做载体：一串冰糖葫芦、一块豌豆黄、一包驴打滚，礼轻情意重，亲情、爱情、友情均能够包含其中。北京果脯传承至今，就是在每一个时代都恰好地扮演了这样一个角色，它不仅仅是北京的特色食品，更是通过这种特色食品的相赠传递联结着每一位中国人乃至外国友人彼此之间的友好情感。

果脯自古就是最好的礼品，我们从《红楼梦》等书籍中，可以找到许多这样的故事和情景。北京果脯在旧时是著名的北京特色产品，并在走亲访友中发挥着美好的作用，发展至中华人民共和国成立后，果脯还能在外交礼仪中起到友好使者的作用。

## 三、雅俗共赏传播性广

北京果脯既可登大雅之堂，也可以是平民百姓餐桌上的美食，上至达官贵人，下至普通百姓都喜爱吃它。比如说金糕制作始于清代，过去叫山楂糕。后因慈禧太后吃腻了各种山珍海味，点名要吃这款美食，当时在京城"泰兴号"的张掌柜便应下这个生意。他精选原料，细致加工，做出来的山楂糕颜色红里透着金黄，慈禧太后品尝后非常赞赏，从此山楂糕被赐名"金糕"。后来就连皇宫里王公贵族也纷纷购买，一时供不应求，金糕与"金糕张"也因此名噪京华。

乾隆时期郝懿行在《晒书堂笔录》曾写道："京师夏月，街头卖冰，又有两手铜碗，还令自击，洽洽作声，清圆而浏亮，鬻酸梅汤也。"可见街巷里果脯制作的食品雅俗共赏，是颇富于生活情趣的。

## 四、传递亲情的纽带

纵观历史，我们可以看到这样的情景：在商品匮乏的计划经济的年代，一枚小小的青橄榄能够成为一对恋人的红线鹊桥，陪伴他们度过青年，走过中年，迈进老年；在物资缺少的偏远乡村，一把果脯可以交换一本书籍，大山里从此走出读书上进的好青年；有多少外地人在北京工作或上学，他们与老家的亲人之间，每年最好的见面礼物，就是寄回装满一袋茯苓夹饼的包裹回馈父老乡邻，即使祝福家中年老的父母延年益寿、表达美好心愿时，人们也会选择果脯作为相赠的贺礼；在异国他乡的古老佛国印度，口袋里装有小糖葫芦的中国人，可以与印度有飞饼的朋友进行友好的交换，这互换的不仅仅是小小的食品，还有深厚的友谊与彼此的信任。

这些感人的画面和故事进入人们的眼帘，就如吃了酸酸甜甜的山楂糕或是糖葫芦，酸得让人流泪，甜得让人心醉。这就是北京果脯承载着的传统文化的亲情味道。

## 五、市井文化中的乡愁

在详细记载了明代北京城的风景名胜、风俗民情的《帝京景物略》一书中，有重阳节时家家制作花糕的描述，用面粉做成两层，中间夹有果品，还要点缀枣和栗子、糖拌果干。这种秋天的累累果实及一家人一起过重阳节的惬意，实在是让人留恋的时光。

旧京时在北京过夏天，在胡同口、槐树下面，常有卖冰镇食品的小摊子。首先是卖果子干的，就是将杏干、柿饼等，用冷开水浸开，再加一些藕片，堆放在一个五彩大瓷盘中，上面放上一大块亮晶晶的冰。如有人来买，用一舀子盛一舀子在小瓷碗中，那滋味又酸又甜又凉。在旁边摆放的木桶中还有"酸梅汤"，也是用小瓷碗来盛。叫卖的人剃着光光的头连声吆喝："又解渴，又带凉，又加玫瑰又加糖，不信你就来弄一碗尝一尝！"这种卖冰的吆喝声，是极有韵味的。到了冬季里，我们这代人和老辈人还有一种市井文化的回忆，那就是走街串巷那些小贩的叫卖声："冰糖葫芦！"一串串冰糖葫芦也是冬季里一道美丽的风景线。

　　这些在老百姓的心里，不仅仅是夏季里食用的冰镇果子干，冬季里买到的冰糖葫芦，还有我们对老东安市场的记忆。那些盛在粉彩大瓷碗里的海棠、桃干、金橘、红果，俗称"八大碗"的蜜饯，让我们垂涎欲滴。它在我们心中还有一种挥之不去的思念，它已经成为一种特殊的乡愁。随着岁月的积淀，这种味道已经存入了北京城市的记忆中，并和五彩缤纷的北京果脯真实地联系在了一起。


注　释

[1]满汉全席是民间俗称，史料记载为"满汉席"。

# 北京果脯的传承发展

## 第四章

第一节

# 北京果脯行业的变迁

根据前面所述，北京果脯制作发源自北京地区，经过明清宫廷的改良与提升，在清末流传至北京民间。光绪末年，北京最具盛名的果脯制作与销售铺号是聚顺和等老号，它们以精湛的北京果脯传统技艺，在前店后厂的销售模式中传承下来。中华人民共和国成立后，北京果脯行业又经历了公私合营、扩建工厂及建立新厂到成立红螺食品集团等变迁，最终成长为行业中的标杆企业，是中华老字号中的佼佼者。

## 一、行业发展之初

北京果脯制作技艺发源自北京地区，经过明清宫廷的改良与提升，到光绪末年，北京最具盛名的果脯制作与销售铺号是聚顺和。当时北京果脯行业尚比较发达。据《花市一条街》[1]中"花市店名录"这一资料显示，中华人民共和国成立前西花市街有久通干果铺、永福号干果杂货店、福源长干果海味店及果局等商号。此外老北京南城还有通三益、聚顺和等干果店。如果算上当年南城以外的干果铺，北京当年干果包括果脯、蜜饯的商号数量已经有很多了，可见果脯已经成为北京市民生活中经常购买并津津乐道的美食了。

档案记载：聚顺和最早开业时间为清光绪三十一年（1905年），东家是祖籍山西文水的任汝江（别号百川），幼年到京城谋生，一直在果脯行当学徒。随着生意的发展，任汝江和同乡共同出资，开设了"聚顺和"商号自销自产果脯。1915年举行巴拿马太平洋万国博览会时期，他有魄力地带去聚顺和的北京果脯，在大会上一举夺得了金质优胜奖章。

现有幸查阅到这段历史档案原文：

民国三十六年（1947年）

煤市街户籍档案（档案号：J181-006-01624）

铺号：聚顺和栈（分号）

经理：任汝江，别号：百川

籍贯：山西文水

铺号开业年限：1905年

聚顺和的任汝江，在北京先后开设了三家店铺，分别是位于大栅栏街路北西口电话南局940号（西口第二家）的其南货总店，现煤市街144号的聚顺和栈南货总店，地安门外鼓楼大街东门牌239号的聚顺和加工厂（兼有铺号），

◎ 2008年9月9日"聚顺和"栈南货老店刚改造初貌——煤市街144号 ◎

其中以大栅栏街路北西口的聚顺和南货总店最负盛名。

随着历史的变迁，抗战前夕（1937年7月7日—1945年9月9日），北京市果脯业尚有十六七户，均隶属于干果海味的杂货业同业公会。日伪期间（1931年9月18日—1937年7月7日）由于砂糖缺乏，一些商号陆续歇业。民国二十七年（1938年）后，北京果脯行业隶属于干果海味业同业公会。至中华人民共和国成立时，尚存七户，分别是三顺、永顺成、聚成永、华达、全德昌、天合和聚顺和。

## 二、企业历史沿革

1951年至1955年，北京市果脯全行业实现合营，除聚顺和外，还有三顺、天合等老号合营。其中三顺与天合规模最大，厂址设在西直门内葱店胡同，即三顺果脯厂旧址。此时担任三顺经理的张文瑞，天合经理的李永祥，聚顺和经理的任兴等，都是原来各自铺号的北京果脯技艺

制作技师。在有关部门的管理下，他们对北京果脯传统制作技艺加以总结，将各种果脯制作通用的八大步骤、29道工序记述传承下来。

1952年，北京正式成立果脯行业联营，此时全德昌因生产季节性及经营管理不善、亏损而歇业，其余几家果脯商户实现联营，即联购联销，分别计算盈亏，就此北京市糖果土产食品业联营第八组成立。

1953年6月，北京市工商联指示，糖果土产食品业联营第八组改名称为"糖果糕点制造业果脯联营第一组"，还正式吸收其加入了北京市工商业联合会糖果糕点制造业同业公会，组长为天合商号经理李永祥，副组长是三顺果脯厂经理张文瑞。

1955年，大成企业新开业，但同年永顺成因经营不善亏损歇业，同年12月实现全行业合营。这时中华人民共和国成立后遗存的全部果脯老字号企业合并，于1957年成立了公私合营北京果脯厂，简称北京市果脯厂，原天合商号的李永祥任经理。

1958年，北京市果脯厂扩大生产规模，因怀柔果树资源丰富，其出产的杏、苹果质量上乘，是制作果脯的最佳原料，随即在怀柔建立新厂。此时李永祥的徒弟王瑞和、张文瑞的徒弟赵国勋，被派驻到怀柔参与建厂工作，并亲自带徒弟传授技艺，在怀柔歧庄成立了果脯烤干厂，积极生产果干、果脯产品。经过他们的努力，北京果脯传统制作技艺传承下来，北京市果脯厂果脯产量逐年增加。

1959年，李德祥被分配到北京市果脯厂，拜王瑞和为师学习北京果脯传统制作技艺。经过10年的刻苦钻研，李德祥全面掌握了北京果脯传统制作技艺，而后担任了北京市果脯厂技术副厂长、工程师。70年代，李德祥收李玉祥（现仍在红螺食品工作）、赵山勋（已去世）等人为徒，传承北京果脯制作技艺，使得北京市果脯厂产量逐年增加，技艺薪火不息。

1985年，北京市果脯厂注册"红螺山"品牌商标，以红螺山为品牌的"北京果脯"誉满全国。1996年5月，在原北京市果脯厂基础上组建北京红螺食品集团。2003年，李效华被派到红螺食品工作，拜李玉祥为师，学习北京果脯传统制作技艺。2006年，红螺食品实行全面改制，成立北京红螺食品有限公司。2010年至今，房刚拜李玉祥为师，学习北京果脯传统制作技艺。

值得一提的是，中华人民共和国成立后干果销售从行业上被划分

◎ 李玉祥教授李效华苹果加工技巧 ◎

◎ 传授制作技艺 ◎

在北京市商业局的经营管理机构。在《当代北京副食品商业》一书中记录着，1953年11月28日，中共中央批准中财委关于目前副食品的产销情况及今后措施的报告，责成商业部统一领导和加强对重要城市及工矿区副食品的供应工作，并决定成立中国食品公司，根据中央批示精神，北京市商业局于1954年3月1日成立中国食品公司北京市公司。原土产出口公司经营的猪、牛、羊、鸡、鸭、蛋、水产、海味、干菜及干鲜果品等类商品划归该公司经营，所属业务经营机构有11个，包括肉食批发站2个，干鲜果栈2个等。

1956年5月糖果和干鲜果品，又归属到北京市零售公司的糖果糕点总店批零兼营。而后，根据商业部、城市服务部《关于副食品、饮食业务交接方案》的要求，北京市供销合作社所属副食品经营处改组建成，从1957年更名为"干鲜果品经营处"。它主营干鲜果品的批发业务，归北京市第三商业局领导。

#### 表1　北京果脯行业情况

| 店铺 | 开业时间 | 地址 | 经理 |
|---|---|---|---|
| 聚顺和 | 1905年 | 前门大栅栏街西口 | 任汝江 |
| 三顺 | 1938年 | 西四南小街葱店胡同甲22号 | 王光宗、张文瑞 |
| 华达 | 1952年 | 西四德胜门内果子市大街32号 | 张树山 |
| 天合 | 1945年 | 西四铁香炉胡同7号 | 李志远、李永祥 |
| 聚成永 | 不详 | 西四蒋养房后坑16号 | 张宝才 |
| 大成 | 1955年 | 宣武区窑台胡同旁门38号 | 杜梦深 |

# 北京果脯制作技艺传承人谱系

北京传统果脯制作技艺以手工操作为主，所蕴含的深厚的文化底蕴，是以人为本的经营发展策略，是几代传承人秉承优秀的传统制作技艺的精髓，以及诚信为本的经营之道，才造就了独领风骚的北京果脯制作技艺的辉煌。

所以掌握好传统果脯制作技艺，是把老祖宗的绝活儿传承下去的关键。基于对北京果脯历史和现状的充分了解，李效华和他的先辈们以坚韧不拔和锲而不舍的精神，全面继承北京果脯的传统制作技艺，为这个行业造就了一代又一代付出心血的传承人。

## 一、北京果脯制作技艺传承人

从中华人民共和国成立前的聚顺和等几家私营果脯企业在中华人民共和国成立后实行联营，到1955年之后的北京市公私合营果脯厂成立，北京果脯传统制作技艺延续了百余年的传承历史。根据史料记载及企业经营管理者年龄，北京果脯传统制作技艺从聚顺和的传承人开始，传承脉络如下。

### （一）第一代传承人：聚顺和的创始人任百川

任汝江是聚顺和号的东家。该字号于清代末年1905年创立，在煤市街144号的聚顺和栈登记开业。

任汝江是从山西文水来京的，幼年到京城谋生，一直在果脯行当学徒，为人克俭、老成持重，具有晋商的特有美德，因此深得北平各界，尤其是绅士阶层的信任。1915年任汝江的聚顺和铺号选送的果脯获得巴拿马万国博览会金质优胜奖章，由此北京果脯名扬天下。

当时聚顺和有三家店铺自己生产果脯，经营时间为1936年至1956年。大栅栏街路北西口的聚顺和，其规模相对较小，起初只作为货栈使用，后来发展成为店铺。由于其店铺（原址）位置不是很招眼，反而使它较好地保存下来。

**（二）第二代传承人：公私合营北京果脯厂李永祥、张文瑞、任兴**

李永祥，北京人，早年拜任汝江为师学习果脯制作技艺，后任天合号经理，中华人民共和国成立后曾任原北京市果脯厂技师。

张文瑞，北京人，后拜任汝江学艺。中华人民共和国成立前任三顺号经理。三顺商号1938年开业，位于西四南小街葱店胡同甲22号。经理为王光宗和张文瑞。中华人民共和国成立后张文瑞曾任北京市果脯厂第一任厂长。当时北京果脯厂的厂址即在原三顺果脯厂旧址。

任兴，山西人，是任汝江之子，聚顺和商号经理。中华人民共和国成立后随父亲任汝江学习果脯制作技艺。

**（三）第三代传承人：赵国勋、王瑞和**

赵国勋（张文瑞徒弟），1958年，他被北京市果脯厂派驻到怀柔参与建厂工作，并亲自带徒弟传授技艺，在怀柔歧庄成立了果脯烤干厂，积极生产果干、果脯产品。

王瑞和（李永祥徒弟），1909年出生，北京平谷人。1940年拜原北京市果脯厂技师张文瑞为师。

**（四）第四代传承人：李德祥**

李德祥（王瑞和徒弟），1936年出生，北京怀柔人。1959年，他被分配到北京果脯厂，拜王瑞和为师学习果脯制作技艺。经过10年的刻苦钻研，全面掌握了北京果脯制作技艺，后担任北京果脯厂技术副厂长、工程师。

**（五）第五代传承人：李玉祥、赵山勋**

李玉祥（李德祥徒弟），1953年出生，北京怀柔人。1974年拜李德祥为师，学习果脯制作技艺。

赵山勋（李德祥徒弟），1965出生在北京怀柔，1985年拜李德祥为师，学习北京果脯制作技艺。

**（六）第六代传承人：李效华、房刚**

李效华（李玉祥徒弟），1962年出生在江苏沛县。2003年进入红螺食品后拜李玉祥为师，学习果脯制作技艺。

房刚（李玉祥徒弟），1970年出生于内蒙古赤峰，2007年拜李玉祥为师学习果脯制作技艺。

如表2所示。

**表2　北京果脯制作技艺传承人谱系表**

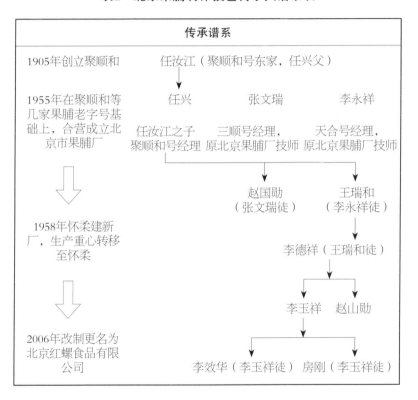

## 二、北京果脯企业掌门人

目前，北京果脯传统制作技艺的掌门人为第六代传承人李效华，现任北京红螺食品有限公司董事长。

李效华，1962年出生在江苏沛县。1980年至1984年在新疆石河子大学园林专业学习，毕业后被分配到了新疆果品公司工作。他利用自己学到的知识，从事食品深加工工艺分析及研究，还有各类食品的储存条件、营养成分、加工形状及制作工艺的研究。从那时起，他与果品方面以及和食品有关的工作，就结下了不解之缘。

1997年前后，北京市场有十余家果脯厂同时生产经营。随着市场经济的开放，激烈的竞争使得多家生产企业倒闭，整个市场慢慢萧条，北京果脯行业逐渐进入了衰退期。红螺食品虽作为国营企业，可是并没有任何优势，企业内部管理跟不上市场前进的步伐，果脯生产和经营跌到低谷，许多职工无奈另谋生路。

2003年，红螺食品到了最不景气之时。危难之际，李效华走马上任来到这家企业。李效华审时度势地分析了企业情况，他上任后采取的第一项措施，就是"钱只许进不许出，首先保障职工待遇"。他果断从根本上对企业进行改制，企业彻底股份化。接着又从采购、生产到市场销售链条等环节，全部按照市场化运作，定出任务标准，年底用指标直接考核。

李效华刚上任不到一周的时间，2003年春天的那场"非典"就发生了。商场内马上冷冷清清，红螺食品成为受冲击的重灾区。李效华亲自来到市里几个商场了解市场，进入他眼帘的是，红螺食品的柜台前五颜六色的产品几乎无人问津。

这时有位50多岁的女士在买山楂糕和果丹皮，他凑过去试探地说："大姐，外边的山楂糕、果丹皮便宜，这儿的贵啊。"可这位消费者回答："红螺的山楂糕、果丹皮质量好，信得过，老北京人就爱吃这口儿。"是啊！即使在经营最困难的时期，果丹皮的销量也没有受到影响，每年都可以销售到500吨左右。尽管红螺的产品价格比一些小作坊生产售卖的果丹皮还要贵一点，但消费者还是认可红螺食品这个老字号品牌，老北京人就认红螺的果丹皮。这个现象给了李效华内心很大的触动。他对红螺食品的信心更加坚定，同时也坚定了他学习好、传承好制作果脯的技艺，让红螺食品的味道长久留在老百姓的生活里的决心。

2004年初，80多岁的北京食品协会原会长李士靖，与中华老字号协会的专家一起来红螺进行食品调研。他深情地对李效华说："百年红螺食品凝聚了数代人的心血。果脯是老北京为数不多的经久不衰的特色产品，是北京一张亮丽的名片，果脯制作技艺在长期的发展过程中沉淀、积累了优秀的传统技艺，蕴含着丰富的商业文化，这杆老字号的大旗一定要坚持扛下去！"

李效华听后深有感触，他明白责任重于山。为此，他在做好管理工作的同时，开始了对北京传统食品制作技艺的学习与研究。为了全面掌握果脯等传统制作技艺，他与企业第五代技艺传承人李玉祥师傅虚心学习果脯制作，认真研究果脯传统制作技艺。在深入学习的基础上，先后总结提出了果脯工艺流程及工艺技术参数。从"基地原料选择→备料→生产加工→烘烤→整形→包装→检验→入库及物流"等都进行了规范，结合现代人健康需求标准，对传统的各项指标进行了适度调整，对原辅料的理化、卫生等指标进行了规范化和标准化。

为了更好地继承北京果脯文化和技艺的优秀传统，他每年抽出大量时间，到全国各地的传统食品生产基地进行调查研究，了解全国各地的传统食品分布及地域性果品的加工工艺。同时广泛地接触全国大中专院校的果品深加工科研部门，在传统果脯制作技艺的基础上，根据现代人的健康需求和科研技术，对果脯含糖指标等进行技术攻关，在传统果脯技艺基础上，研制出果脯冷制法，新增加了低糖果干系列，满足了不同消费者的个性化需求。

◎ 李效华工作中带徒 ◎

◎ 车间果脯制作研讨 ◎

　　梅花香自苦寒来，最终他在掌握北京果脯传统制作技艺的同时，也得到了行内老技师对他技术上的好评。而后根据以往的师徒传承关系，李效华被确定为北京果脯制作技艺的第六代传承人。为了企业的发展，现在又培养一批传承人达25人，他们已经成为车间技术骨干。到目前为止，直接掌握和接触制作技艺的人员为72人。为了鼓励传承人学好技艺，企业每年给予技艺传承人一定的奖励，同时在企业具有高等学历的工程师中选拔技艺优良、人品正直、吃苦耐劳的人才，组织传帮带等拜师传授仪式，使传统制作技艺得以从形式到内容上完整传承。薪火相传，绵绵不断。

# 北京果脯制作技艺存续状况

北京果脯整套制作技艺，包括果脯制作过程中的配制"秘方"，由聚顺和一脉相传至北京红螺食品有限公司。红螺食品源自北京市果脯厂，全面继承了北京果脯的传统制作技艺，从清末民初至今一直传承有序，是北京市历史最悠久的果脯企业。

## 一、传统技艺传承保护步履维艰

随着现代生产的飞速提升与发展，北京果脯制作技艺传承与保护也面临着以下重重困难。

### （一）传统技艺保护难度加大

由于工业化发展进程的加快，在果脯制作和生产中大量使用了新的设备与工艺，用以维护企业的生存和发展。这些设备和工艺的使用，虽然降低了果脯过于甜的口味，但也能够减少果脯生产步骤，大大缩短果脯生产周期。但是精细的北京果脯传统制作工艺，在工业化时代现代科学技术的应用中渐行渐远，保护难度日益增加。

### （二）有些生产工具影响产品质量

传统的果脯加工采用紫铜锅进行煮制，对于北京果脯制作中的果脯护色、原果香味保留意义重大，目前，根据现代食品安全生产要求，果脯制做企业普遍采用不锈钢器具加工制作，使现代的果脯与古代的果脯，在口感、外观等方面也有差别。

### （三）传承人培养过程繁复、成本高

传统制作技艺步骤精细复杂，在八大步骤、29道工序中，每一道工序在制作的手法或对煮制火候、酵制时间的精细把握上都有专门的要求，过去老技师带徒弟通过"口传心授"，要十年以上才能完全掌握各个步骤的生产要求。

目前愿意吃苦学习、传承技艺的年轻人很少，尤其是传统工艺中的一些关键步骤有面临失传的危险，培养传承人才比以往更加困难。传统手工技艺亟待有效保护并进一步发扬光大，避免北京果脯制作的百年技艺失传。

## 二、围绕技艺保护开展的工作

为了进一步有效保护和传承弘扬传统技艺，保证北京果脯制作技艺的传承，红螺食品作为北京果脯制作技艺的传承企业和保护单位，长期以来十分重视传统技艺的传承，并围绕项目保护开展了一系列保护工作。

### （一）重视企业历史文脉的挖掘

为了继承和保护传统果脯制作技艺，企业多年坚持与北京财贸职业学院合作，对北京果脯制作技艺进行深入挖掘、整理和探源历史文化。通过收集大量的档案、史料，佐证了红螺食品的前身——百年老号聚顺和成立于清代末年的史实。

2006年起，红螺食品与相关院校及研究机构联系，开始进行历史文化溯源工作，截至2011年，北京果脯历史文化溯源工作取得初步成果。溯源报告梳理了北京果脯行业以及红螺食品的发展历程，明晰追溯了果脯行业的百年衣钵，形成了相关结论和成果：一是明确了北京红螺食品公司由中华人民共和国成立前果脯全行业老字号合并而来的企业历史，确定了其前身之一的聚顺和，有档案明确记载的开业时间为1909年（2016年通过查阅档案资料，进一步推前到1905年）；二是通过探源详细挖掘了北京果脯传统技艺的历史发展过程以及发展中的各个重大历史阶段，形成了完整的北京果脯制作技艺发展链条及百年传承证据链；三是通过对聚顺和等果脯行业的老字号进行深入研究、挖掘、整理，积累了一些新的史料。

### （二）完善传承保护的规范性各项措施

#### 1. 建立了非遗制作技艺传承人"大师工作室"

对于果脯制作技艺的保护，最重要的是不能忽略对传承人的保护。

这是由非物质文化遗产的自身属性和传承方式所决定的。它同物质文化遗产的物态显现方式不同，非物质文化遗产是不脱离人的"活"的显现。因为无论是技艺、技能、知识、经验等，都是依附在人身上，通过人的口传心授进行传承的。它在传承中具有脆弱性和不可复制性的特点。基于此，企业抓紧对掌握北京果脯制作技艺的老技师的技术细致有序地传承。根据过去的师徒传承关系，确定北京果脯制作技艺传承人，增强传承人传承技艺、教授徒弟的积极性，同时专门设立北京果脯制作技艺"大师工作室"，提升技术人才的地位，促进技艺的传承。在企业具有高等学历的工程师中，选拔技艺优良、人品正直、吃苦耐劳的人才，通过培训提高他们的科学化素养，并组织"拜师仪式"，选拔和培养后辈传承人。

2. 完善北京果脯制作技艺档案

根据技艺保护计划，组织技艺传承人及企业内部有文字撰写能力的人才，将过去"口传心授"的传统技艺总结成文字进行归档。不断挖掘总结传统技艺的奥秘，深入研究传统技艺的理论基础和传承制度，为传统技艺的传承与保护创造条件。通过走访企业已经退休的老技师，对北京果脯制作中"果浆""糖液"的配制秘方进行归档，保证传统技艺的精华不失传。

3. 开展"非遗技艺进校园"及加强技艺基础研究工作

从2015年起，积极开展"非遗技艺进校园"工作，与北京市东城区帽儿课程活动中心互设基地，签订长期合作协议，并合作编写了教材，同时进校园、到工厂开展非遗技艺体验实践活动。

（三）建立北京果脯交流展示平台

加大对非物质文化遗产的宣传力度，弘扬北京果脯制作技艺，拟建设果脯博物馆，借以扩大北京果脯传统制作技艺的影响力，不断弘扬果脯文化。通过对北京果脯传统技艺的展示和陈列，展示传统技艺精粹与传统技艺制作工具，使后辈传承人热爱传统技艺，自觉传承传统技艺；通过对外展示，使更多的人了解北京果脯制作技艺，使北京果脯文化得到传承与弘扬。

### 三、保护工作取得的初步成果

目前，红螺食品在北京果脯制作技艺的保护方面取得一定的成果。

（1）本着传承、保护和弘扬历史文化的精神，2012年注册了"聚顺和"商标，对"聚顺和"字号所承载的品牌历史文化，继续进行深入挖掘整理。

（2）积极推动和努力，提请北京市西城区文化委员会于2015年3月将位于煤市街144号的聚顺和栈南货总店认定为文物，此举为进一步弘扬和保护老字号文化史迹奠定了坚实的基础。

（3）参与和推动非物质文化遗产保护，于2015年完成"北京果脯传统制作技艺"的申报，并入选"北京市级非物质文化遗产代表性项目名录"。同年获得中国商业联合会中华老字号工作委员会授予的"京城果脯第一家"称号，进一步确定了北京果脯所承载的文化价值和历史地位。京味果脯拥有悠久的优秀历史文化和生产加工历史，它是京味饮食文化的组成部分之一。它凝聚着京味传统食品由宫廷到民间，再由民间到宫廷的相互融合的烙印，具有独特的皇家风味和民俗特色。早在100多年前的1915年，"红螺"前身之一的果脯店铺聚顺和生产的果脯，在巴拿马太平洋万国博览会上被世界公认为是一种珍贵食品，并被美誉为"不光好吃，还有东方食品的色彩；像杏不是杏，像桃不是桃，像苹果又不是苹果。吃下去，余味无穷"。"京城果脯"因此获得了巴拿马万国博览会金质优胜奖章。这一殊荣表明了，百年前"京城果脯"就漂洋过海，享誉世界，它代表中国赢得了世界最高荣誉。中华人民共和国成

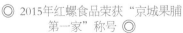

◎ 2015年红螺食品荣获"京城果脯第一家"称号 ◎

◎ 2014年北京果脯传统制作技艺入选"北京市级非物质文化遗产代表性项目"名录 ◎

立后直到今天，红螺食品生产的北京果脯，仍然是京城最有代表性的著名特色食品，多年来它远销海内外，深受中外广大消费者喜爱。

（4）2016年聚顺和被北京老字号协会认定为"北京老字号"。2017年围绕北京市西城区政府关于前门大栅栏地区产业升级和"聚顺和旧址腾退"的问题，提出了聚顺和旧址利用方案等建议。

◎ 聚顺和茯苓夹饼传统制作技艺被列入西城区非物质文化遗产代表性项目名录 ◎

◎ 茯苓夹饼获得世界食品工业大奖 ◎

◎ 红螺食品获得"中华老字号京城果脯第一家"称号 ◎

◎ 世界食品工业大奖证书 ◎

第四节

# 北京果脯制作的发展前景

## 一、北京果脯发展有良好的前景

### （一）有优越的地理环境和自然资源

北京果脯具有优良的口碑和风味，是老百姓所喜爱的一种食品，是首都北京的一张金字名片。

红螺食品位于北京市怀柔区庙城镇。其所在的怀柔区，距北京城区50公里，总面积2557平方千米，人口30万。怀柔果树栽培历史悠久，中华人民共和国成立后，怀柔各级政府把恢复与发展果树种植作为山区生产的重点。从1985年起，根据山地、平原、丘陵的不同条件，有计划地发展品种不同的果树。经过几十年的连续努力，不仅在西部老果区有了新发展，而且在平原丘陵、潮白河沿岸和北部山区有条件的地方也建立起了新的果园。1990年全县改造老果树2.7万亩，新建高标准的新果园3.45万亩，全县已有各种果树900多万株，果品总量由1949年的148万公斤增加到1974万公斤。怀柔优越的地理位置和大自然的优越资源，为红螺食品传承北京果脯制作技艺提供了良好的保证。

同时，红螺食品企业拥有8000多平方米果脯生产车间，可用于传统果脯的生产制作。车间设有参观通道，每次可以接纳100人参观。拥有50平方米的果脯陈列室，保存有相关的资料书籍、工器具及实物等。红螺食品现为股份制企业，经营状况良好，有能力在国家政策的支持下，承担保护传统北京果脯制作技艺的责任。

为了积极响应国家及市区各级政府提出的"京津冀一体化协同发展"战略，根据企业的产业升级要求，红螺食品将在河北玉田县建立大型产业基地，其中不仅包括现代化生产车间，也包括3000平方米的北京果脯文化博物馆、非遗技艺展示区、现场体验区及工业旅游区等设施，可以开展相关的文化传承传播体验活动。

## （二）有良好的文化底蕴可以在文创方面创新

近些年来，红螺食品利用非遗资源发展文化创意产业是大有可为的。老字号独特的非遗技艺制作资源，有发展文化创意产业的独特优势和潜力。北京果脯制作技艺的非遗资源，完全可以借助高科技和其他文化形式进行创造与提升，并通过自主知识产权的开发和运用，生产出与之相互辉映的具有特定意义和高附加值的文化创意产品。

依托果脯制作技艺的历史故事，红螺食品做过一些尝试，如编写了8集《红螺山下红螺梦》的故事：第一集《郑和壮举源红螺》，第二集《满汉姻缘红螺牵》，第三集《康熙微服访红螺》，第四集《晋商千里红螺缘》，第五集《红螺牵动紫禁城》，第六集《红螺搅动燕市凤》，第七集《红螺湖畔露晨曦》，第八集《红螺远景真非梦》。这个设想就是文化创意产业结合，如果获得相关单位的结合点合作，就完全可以开发成图书、音像、影视制品或是纪念品、艺术品等服务性和娱乐性产品，从而逐步形成具有自主知识产权和较高社会经济价值的创意文化产品。这样不仅可以产生一定的产业价值，更重要的是可以促进非物质文化遗产的保护和传承，使其成为中华民族崭新的文化符号，并获得进一步发展的新的生命力。这使顾客在享受美食的同时获得艺术欣赏体验。

## （三）利用电商平台驶入快速发展途径

红螺食品自2010年开始发展电子商务。初期PC时代，率先入驻B2C商城，开启电子商务营销模式。在淘宝、天猫、京东等平台开设红螺食品官方旗舰店，入驻京东POP、天猫超市、我买网、工行融e购、建行善融、邮政电商、欣欣尚农等20多个大型电商平台。2013年微营销兴起，红螺食品开始构建自营商城的APP客户端，通过完善微信公众号在线销售、文化宣传、粉丝互动、微信分销等各种功能来实现与红螺粉丝会员互动。2014年红螺食品构建了自己的B2C商城，直接面向终端消费者服务。

北京果脯

注　释

[1]北京市政协文史资料研究委员会、北京市崇文区政协文史资料委员会
编：《花市一条街》，北京出版社1990年版。

第 **五** 章

# 北京果脯的社会影响

## 第一节

# 北京果脯的保护价值

北京果脯制作技艺不仅仅是历史留存下来的商贸景观，更重要的是它是难得的历史文化资源，是中华民族宝贵的精神财富，是值得当今社会传承和发扬的无形文化遗产，在非物质文化遗产保护工作中占有举足轻重的地位。北京果脯制作技艺如同一间老古董的铺子，虽然品种繁多，涉及范围较广，但却是北京传统文化中独有的一块奇珍瑰宝。其传承和发展对于保持古都北京的历史文化风貌、独特的历史韵味，具有重要的意义。它所蕴含的果脯制作技艺和社会影响力，已经使它成为北京独有的并具有品牌价值的文化符号。

### 一、具有历史文化研究价值

北京果脯制作技艺是北京传统技艺中，一项重要的非物质文化遗产。它是前人于民间创造的，传承至今已有百年以上的历史，是众多传统技艺中的一项宝贵内容。谈古论今话果脯，我们不得不承认，北京果脯有自身所涵盖的丰富的文化内涵，它是北京历史上一张重要的文化名片，是北京民俗和民间传统文化的体现，是北京标志性地域文化的标杆性食品。

北京果脯制作技艺从民间到宫廷，从宫廷到民间，相互融合，不断改进，形成了做工细腻、风味独特的北京地域特产。北京财贸职业学院与北京红螺食品有限公司，对北京果脯的历史及发展做的文化溯源报告显示，北京果脯原属于一种宫廷小吃。这在民俗学者唐鲁孙所著的《中国吃》中也有描述。北京果脯由民间传至宫廷后，由御膳房做成尚方玉食之后，才成为细品甜食的。因为历史上，宫廷为了保证皇帝一年四季都能吃上新鲜果品，让厨师将各季节所产的水果分类泡在蜂蜜里，并逐渐加入煮制等工艺，形成口味酸甜适中、爽口滑润、甜而不腻、果味浓郁的宫廷小吃。从现存于北京故宫博物院的史料以及御膳房遗存物件来看，它延续了明、清宫廷食品与民间食文化有机融合的特征，代表了北京果脯制作技艺的时代特征，对研究相关时代历史具有重要的意义和价值。

北京果脯生产的历史，可以追溯到清光绪末年。1905年创建的聚顺和，作为中华人民共和国成立后北京市果脯厂公私合营的果脯商号之一，应是北京建立较早的果脯企业。《中国吃》一书记载：当时北平干果海味店之一的聚顺和，作为经营果脯的老店，在当时已是名声在外，而且享有盛誉。1915年2月，聚顺和代表北京果脯参加巴拿马太平洋万国博览会并获得金奖，不仅印证了这段历史，也说明北京果脯已名声远播国外。

值得提及的是，北京果脯赖以生存的果品来源地怀柔，也承载着深厚的历史底蕴。怀柔地处古渔阳之地，早在春秋战国时期，就是燕秦活动的战略要地，西汉时更是在经济、军事、民族交流方面占有重要的地位。唐代起开始有了怀柔县的建制，明代设置的怀柔县与今日的怀柔地域范围基本相同。清代初年，怀柔作为顺天府所辖22县之一，更是人杰地灵的风水宝地。

一方水土养一方人，怀柔的历史背景和地理位置无疑为孕育北京果脯和其文化创造了不可或缺的条件。北京果脯及制作技艺的发展，不仅得益于老北京历史文化的滋养和熏陶，得益于劳动人民的创造和传承，也得益于怀柔这块盛产果品的福美之地。

## 二、承载着民俗时令文化特征

北京果脯已经融入我们的年节和节令，尽管历史经历了千百年的风风雨雨，但是果脯承载的节令习俗仍在生生不息地传承着。无论是杂拌儿、菊花糕、太阳糕，还是元宵、月饼、八宝粥中所加入的苹果脯、杏脯、银杏、柿饼、葡萄干、青丝、红丝、山楂、红枣、板栗等果脯蜜饯，在相对应的节令中都占有不可或缺的地位。在庙会、节气、家族祭祀等重要时刻，人们的生活中也缺不了五颜六色的果脯。

北京果脯

北京果脯不论是作为调和五味必不可少的糖，还是作为人体参与生长与代谢的饮食，包括其发明和传承或获得各界人士青睐的过程，都与北京的历史文化、民俗传统有着不可分割的渊源联系，都与老百姓的日常生活密不可分。北京果脯至今仍是北京市场乃至全国市场深受消费者欢迎的食品，在人民群众的生活消费中占据着重要地位。

从文人墨客的桌案到草根百姓的地头田间，从农耕时代到工业化文明时期，果脯都绽放着华夏文明的光辉，播撒着优秀传统文化的种子，承载着人们对甜蜜生活的美好向往和期盼。北京果脯的时令文化色彩，对于研究老北京民俗传统、饮食与时令文化之间的关系具有重要的意义和价值。

## 三、生产技艺具有科学研究价值

北京果脯果味儿醇香、风味独特，作为舌尖上的美味既保存了原鲜果的口味特点，又具有很高的营养价值，且具有耐储耐藏的特征。这些都得益于北京果脯经过了几百年实践探索，始终遵循并传承传统的制作工艺。根据不同果品、不同季节，形成了不同的一系列严格的技艺规范，代表了一个时代果脯制作的技艺水平和科技水平。

纵观历史，北京果脯技艺从民间产生，其发展过程可以折射出人类祖先的聪明和才智。中华人民共和国成立以前，我国果脯加工生产多半由一家一户的小作坊制作，生产条件十分简陋，但并非不讲诚信和质量。一般由业主置办一口铜锅、一把铜勺，再批发购置一些糖，雇上三五个临时工，就可以开工生产果脯了。当时许多事情都需要业主亲力亲为：既做掌柜，又做师傅；既负责果脯制作，又要兼顾管理、采购和销售。而且当时的生产条件十分艰苦，工人的劳动条件非常差，有的甚至糖锅旁边吃，糖锅旁边睡。民间曾流传过这样的歌谣："从小生来没好命，长大拉酸杏，早上出缸，晌午打果，夜里一熬多半夜。"但尽管如此，小作坊生产出来的北京果脯仍然在世界上夺得了令人仰慕和赞叹的奖项，也承载了老北京人的情怀和念想。

中华人民共和国成立后，受到限制的生产力得到了解放。果脯行业得到了国家多方面的支持和帮助，经过了厂家联营，又实行了公私合营，果脯生产日渐发展。1956年时，北京果脯已成为我国重要的出口商品，有业内人士回忆说：中华人民共和国成立初期，当时1吨杏脯能够换回7吨钢材，1吨苹果脯可以换回2吨钢材，8吨柑橘脯可以换回2.5吨的载重汽车一辆。

随着时代的变迁，北京果脯制作技艺得到传承发展，人们在沿袭百年古法制脯技艺的基础上，不断提高果脯生产的工艺水平，提升果脯的品质和品级，促进了行业的进一步发展。北京果脯虽然没有纷繁复杂的制作过程，也没有过多难度的技术含量，但仍可以让人感受北京果脯严密、严格、讲究的制作过程，这是中华民族祖先留给后人的一项不可或缺的传统技艺。

如今北京果脯生产已经固化形成严格的生产工序，无论在选料、原料初加工、清洗护色、发酵、糖制、烘制、加工制成各步骤，还是在晾晒、火候等关键环节，均根据不同果品、不同季节，形成并严格遵循一系列严格规范的工艺标准。这些工艺标准代表了果脯制作的最高水平，通过现代科学对精细的传统工艺进行科学的物理、化学变化分析，不断揭开并掌握了北京果脯耐储耐藏、风味独特的秘密，也为传统工艺提供了可复制、可传承的科学依据，创造了继续传承下去的有利条件。

北京果脯制作的百年技艺、方法讲究，形成了许多绝活绝艺。如前面提到的，切分讲究"一刀切"，果坯入糖讲究"先掖锅"，化糖讲究"勺提一条线，勺舀不粘连"，移果讲究"出一锅一倒缸"，这些都已成为北京果脯制作的独特技艺。红螺食品所生产的正宗"北京果脯"，深受海内外游客欢

◎ 1980年前的茯苓车间——焰皮工段 ◎

迎，不仅是传统京味经典食品的代表，也是北京文化的传承者和金名片。从这样的意义上讲，北京果脯传承制作技艺所具有的科学研究价值和技艺传承价值不可低估。

## 四、果脯具有食药养生的保健作用

我国幅员辽阔，天南海北的果品种类繁多，而且营养丰富。无论是水果还是坚果，与其他许多食物一样，都具有医食同源的特点及药食同功的作用，都是饮食文化与医药文化的有机融合。果品的食用功能是养生保健，药用功能是防病治病。中国最早的医书，汉代编著的《黄帝内经·素问》提出"五谷为养、五果为助、五畜为益、五菜为充"的理念，明确提出"五果为助"，且将其放在养生的第二位。这一观点从食学和医学的角度，肯定了果品在人类生命中的重要作用。

有关果脯的历史文献都记录了果脯原材料的营养和药物价值。据《本草纲目》《本草纲目拾遗》等古代文献记载：红薯有补虚乏、益气力、健脾胃、强肾阴的功效，使人长寿少疾，还能补中、和血、暖胃、肥五脏等。当代《中华本草》也记载：红薯有补中和血、益气生津、宽肠胃、通便秘等好处。

《山海经》也留下不少食疗方剂，在《西山经》中，说了一种果子，结在树木上，它的形状像海棠，无核，食后可以使人不泻。按照这种描述，现代人认为这种果子应该是柿子。因为柿子含单宁，有收敛作用，所以能止泻。

《吕氏春秋》记载："果有三美者，有冀山之栗。""冀山之栗"指的就是今燕山山脉所产的板栗。板栗不但味道好，还有养胃健脾、补肾强筋的功用。《本草纲目》中也指出："栗治肾虚，腰腿无力，能通肾益气，厚肠胃也。"唐代孙思邈说："栗，肾之果也，肾病宜食之。"这些名医都指出，板栗可以益气血、养胃、补肾、健肝脾，生食还有治疗腰腿酸疼、舒筋活络的功效。熟栗子做成果脯后，不仅好吃，也给现代人旅游休闲带来了食用方便。

其实这些道理早已融入了人们的日常生活中。如金糕口感酸甜绵软，有健胃消食的作用，能开胃消食，特别对消肉食积滞作用更好，很多助消化的药中都采用了山楂。山楂能防治心血管疾病，具有扩张血管、增加冠脉血流量、改善心脏活力、降低血压和胆固醇、软化血管、利尿和镇静作用，有强心作用，对老年性心脏病也有益处。此外，山楂有活血化瘀的功效，其所含的黄酮类和维生素C、胡萝卜素等物质能阻断并减少自由基的生成，能增强机体的免疫力，有防衰老、抗癌的作用等。

《西山经》中还有过叙述：不周之山……爰有嘉果，其实如桃，其叶如枣，黄华而赤柎……按描述，这种嘉果自然是猕猴桃。猕猴桃富含维生素C，能加强人体新陈代谢，它对许多病的恢复都可以做辅助药物。

青橄榄的功效也不少：青果中含蛋白质、脂肪、碳水化合物、钙、磷、铁、维生素等，是传统的中药材。我国历代众多医书中对此都有记载。唐代陈藏器《本草拾遗》曾有橄榄"其木主治鱼毒，此木作楫，拨著水，鱼皆浮出"的记载；宋《开宝本草》也说，橄榄"生食、煮饮并消酒毒，解河豚鱼之毒"。现今，我国南方沿海渔民，至今煮河豚鱼时，还常在锅内放几枚橄榄果。《本草纲目》中也能找到青橄榄的记载："青橄榄，生津液，止烦渴，治咽喉痛，咀嚼咽汁，能解一切鱼、鳖毒，核磨汁服，治诸鱼骨鲠。"

至于《本草纲目》的简装本，其中关于果品的药用价值，在《果部》中列出了36种，有李、杏、梅、桃、枣、梨、木瓜、山楂、橘、柑、橙、柚、金橘、枇杷、樱桃、杨梅、银杏、胡桃、榛子、钩栗、橡实、荔枝、龙眼、橄榄、槟榔、波罗蜜、无花果、秦椒、食茱萸、甜瓜、苦丁香、西瓜、葡萄、猕猴桃、甘蔗、莲藕。这些果品的果实和它们的根、藤、叶、花、皮、核等都有药用价值。其他果品食药结合的功效也颇多，《诗经》中的《陈风·泽陂》提到了蒲和莲藕："彼泽之陂，有蒲与荷。"蒲就是蒲草的嫩芯，荷就是莲藕，莲藕和莲子均可以制作果脯蜜饯，也可以入药。在此不一一赘述。

### 五、为利用野生果品资源提供途径

我国是农业大国，地大物博、气候适宜，野生资源十分丰富，特别是在广阔的山区和森林中，有很多野生资源都可以作为制作果脯蜜饯的加工原料，如猕猴桃、野山杏、枣等。这些大自然恩赐给我们的资源成本很低，营养却很丰富，而且大部分原料没有污染，对人的身体有良好的保健和医疗作用。

北京果脯制作技艺，可以利用大自然的这些宝贵资源，将其加工成人们喜爱的果脯蜜饯，使其身价提升，既拉动了农业升级，增加农民的收入和就业，同时为我国食品工业加工休闲食品，提供了广阔的发展途径。目前我国开发制作了不少果脯蜜饯产品，都充分利用了自然界的果品资源，深受中外消费者的喜爱。随着旅游市场的开发和休闲食品不休闲的需求，北京果脯和蜜饯食品还将在食品界大有可为。

# 第二节
# 社会名人与北京果脯

北京作为我国的首都，全国政治、军事、文化中心，对全国和世界的影响巨大。凡是在北京长期居住的社会名人，以及到访北京这座城市的外国友人，都有可能与北京果脯生发出这样或那样的情缘。

## 一、北京果脯文化历史源远流长

果脯在历史上发挥了重要作用。在春秋战国时期，晏婴是一位老练并出色的外交家，他也曾经运用果品的典故，反击了楚王对齐国的凌辱。这个故事在《晏子春秋·内篇杂下》中有记载。故事大意就是，楚王得知晏婴是齐国能言善辩的使者，就想当面羞辱他一番。楚王说齐国人生来就喜欢偷盗，晏子走到楚王面前，巧妙地回答说："我听说橘树生长在淮河以南就结橘子，如果生长在淮河以北，就会结出枳子。橘子和枳子，叶子差不多，但果实的味道却不一样。这是因为水土不同啊。"晏婴说："齐国人，生活在齐国的时候，并没有盗窃的行为，来到楚国以后却偷盗起来，难道是因为楚国的水土容易使人变成小偷吗？"这就是有名的"南橘北枳"成语的故事在外交中起到的作用。

## 二、社会名人与北京果脯的情结

许多老北京的社会名人都对北京果脯情有独钟，有的甚至专门撰写文章，表达自己与北京果脯挥之不去的情结。

李滨声是我国著名漫画家、北京民俗专家，1925年出生于哈尔滨，1946年来到北京，在北京已经生活了70多年。年轻时的李老对北京果脯留下了深刻的印象，他曾经在他的回忆文章中深情地回忆起与北京果脯的割舍不断的情结：那时候老北京的果脯技艺，全部是手工制作，但是制作非常讲究，从外表上看要透亮，吃起来要爽，糖分虽大，但是不

北京果脯

◎ 漫画艺术家李滨声现场为红螺食
品作画 ◎

◎ 李滨声作 ◎

能黏。从颜色上看，黄色是正宗的。苹果果脯最高级，制作时一个苹果只能出四块果脯，因为去了皮，是前后左右四刀。其次是杏脯。老年人喜欢瓜条、藕脯，这两样东西健脾开胃，营养丰富。苹果、杏干是黄色的，瓜条和藕脯是白色的，所以老北京人还给它们起了个好听的名字，叫"金玉满堂"。"金"是苹果和杏脯，"玉"就是瓜条和藕脯。那时的小孩，都爱找带颜色的果脯，果脯里红、黄、蓝、白、黑的颜色都有。原来杂拌儿里边有个品种叫"白雪红梅"，"红梅"是指金糕条，"白雪"是指藕片。"白雪红梅"可能已经失传了，早年在20世纪三四十年代的东安市场很常见。

2018年刚刚去世的著名相声大师常宝华对北京果脯也是情结很深。2015年5月，在北京老舍茶馆的一次聚会中，常宝华先生曾深情地回忆起北京果脯：老北京人四季都随着节气吃果脯，那时过节或是来个朋友，都要把果脯摆在果盘里，俗称"杂拌儿"，老少都爱吃。过年或是接待客人，把红红绿绿的果脯盘摆到席面上，也是显示当时人的生活品位。在常老印象里，吃果脯时，老辈人都爱吃瓜条，西瓜条是一种药材，作为茶食喝茶时吃，清咽化痰。他说，过去的北京果脯是很叫座的，李滨声老先生曾画过当初巴拿马博览会，装果脯用的绿油油的陶瓷罐，陶罐釉面涂的蓝釉，两边有两个耳子，像小香炉似的。他认为，果脯是咱们中国人的骄傲。

已故评剧表演艺术家新凤霞曾在她的回忆中说，糖葫芦是她送老师的礼物。据新凤霞讲，她幼年时虽然在天津，可实际在北京生活的时间比在天津要长。她小时候家里很穷，记忆里每年秋天山里红下来的时候，她爸爸都要去卖糖葫芦，为的是换两个钱贴补家里。当时天津人管糖葫芦叫"糖墩儿"。她12岁正式拜师，那时候拜师要请客摆席花不少钱。她家因为穷，请不起客，可老师觉得她将来能有出息，就答应她不用摆席请客。拜师那天，她给老师磕了头，而送给老师的拜师礼，就是让爸爸特意做的糖葫芦。后来每当想起这件事，她还总觉得难为情，可那时家里能拿出手的就只有红彤彤、亮堂堂的糖葫芦了。

文史作家胡金兆回忆，旧北京时的街边吃喝卖冰镇西瓜、凉年糕、鲜藕、果子干（果脯、柿饼、藕片等混合在一起，用甜果卤勾兑）。当时这些冰镇的食品，为吸引老百姓，往往是直接放在冰上。这些情景给他留下了难忘的记忆。

已故的北京著名民俗专家翟鸿起也曾忆起他与糖葫芦的情缘。翟鸿起老师回忆说，他初中毕业后，因家里经济条件拮据，再也不能供他继续升学了，他考入天津国贸食品所北平分所批发部当练习生。这个店总所在天津，是爱国商人宋则久创建的，当时相较旧式买卖待遇还比较优厚。除了食宿、服装、工资，还在夏、秋季发西瓜和各种水果，春、冬季发糖葫芦和干果。当时每人两串糖葫芦，固定发的就是大栅栏西口路北屈氏大药房隔壁的聚顺和干鲜果品店供应的糖葫芦。1946年至1951年的这段时间，店里都是派他到聚顺和那去取，每次都是由一个小伙计，头顶装糖葫芦的小笸箩随他一起回店。那时小伙计特别羡慕他的工作，学买卖，穿店服，吃得讲究，发工钱还发好吃的。这位伙计的老

北京果脯

家在山西文水，因为掌柜是他家远房的亲戚，虽然到北京干了快三年了，但每天多是干杂活。20世纪80年代初，翟鸿起由顺义干校调到和平门外师大附中任教，一次在东琉璃厂东口蜀珍副食店送储存的大白菜，他在操场卸白菜的人中，发现一位中年人特别眼熟，一问，就是当年在"聚顺和"做学徒的小伙计。后来，每当说起冰糖葫芦，他的脑海里立刻就能闪现出刚参加工作时与聚顺和的那段往事，想起那位头顶冰糖葫芦小笸箩的伙计小武儿。

# 北京果脯在百姓心中的地位

被老百姓津津乐道的北京果脯，历经长期演化、流传，在历史长河中慢慢沉淀出它的价值，直到今天已经成为了有着鲜明地域特色的休闲食品。它在人们舌尖上被咀嚼，伴随着老百姓生活的辛酸和快乐，与老百姓有着千丝万缕的情缘关系。

2012年，北京老字号协会网站曾与北京红螺食品有限公司共同举办了"我与红螺的故事"有奖征文活动。这次活动历经一年，收到全国各地消费者发来的征文200余篇，最后编辑成书。这本书的文章大都是由普通的老百姓所撰写，字里行间都流露出老百姓与北京果脯那种发自内心的情感。一段回忆见证一段历史，那些文章字里行间情真意切，所描绘出的感人的画面进入读者的眼帘，就犹如吃了一串酸酸甜甜的冰糖葫芦。

在京城，要说有什么食品能让人们家喻户晓，每个人都食用过它，都与它有着不同的情感故事，北京果脯无疑是其中不可忽略的食品之一。正是北京果脯让人们享受了甜蜜生活、亲情和快乐，品味了它深厚的历史底蕴和丰富的文化内涵。俗话说，一方水土养一方人，一方饮食体现一方文化。如今北京果脯作为北京地方的特色食品，不仅记载了老北京社会生活的历史信息，也是老北京人对尘封记忆的情感寄托。

老百姓是有故事的，点点滴滴都是真实的故事，这些故事朴素隽永、历久弥新。老百姓是有情感的，但情感总要有一个物质做载体，一串冰糖葫芦、一块山楂糕、一包杂拌儿、一袋杏脯，礼轻情意重，亲情、爱情和友情都饱含其中。

## （一）认识果丹皮

作者张春红在她写的《童年记忆》中记述了她第一次吃果丹皮的故事。20世纪70年代时她还很小，那时候商品还不是很丰富，可供小孩子吃的零食也不是很多，记忆中主要有果丹皮、话梅、水果糖等。她最喜欢吃的就是果丹皮。那时每次妈妈下班回来，都会给她和弟弟带些零食吃，这其中就有果丹皮。也就是从那时起，她认识了果丹皮，至今还记着当时吃果丹皮的情景：先小心地剥开外边一层透明的玻璃纸，再用舌头舔一下，然后才小小地咬一口。那个酸酸甜甜的味道，她至今想起来都感到很幸福。

### （二）因果脯喜结良缘

这个故事是福建省漳州市长泰县委宣传部一位叫戴福发的人写的，题目叫《果脯是我们爱情的小插曲》。他回忆说，他与爱人都是小学老师，而他们之间的结缘还有北京果脯的功劳。他和妻子是在2003年8月相识的，在他与妻子交朋友的时候，曾买了瓜子、饼干、果脯等很多零食让妻子吃。结果当时买的是一种不知名牌子的果脯，他记着当时妻子感慨地说："果脯还是北京果脯的味道好，不过咱们这里好像很少能看到北京果脯。"说者无心，听者有意，他得知妻子爱吃北京果脯，跑遍了当地的商店和超市，买了一大堆北京果脯。这让妻子很感动，还假装嗔怪地说："买那么多干吗？"就是北京果脯成全并确定了他和妻子的婚姻。

### （三）探亲给妈妈带果脯

退休于北京商业战线的张红在她写的《果脯是北京金字名片历久铭心》的文章中，回忆她每年回上海探亲总要带果脯给母亲的经历。

◎ 红螺茯苓夹饼 ◎

她写到，20世纪70年代初她刚刚工作，但每年一次的探亲假总要带些北京特产回上海与母亲团聚。而每次母亲总是叮嘱她一定到王府井食品店的北京特产专柜购买果脯和茯苓夹饼回上海，还说这是最能体现北京食品特色的礼品，是皇帝曾经品尝过的御膳食品。她的母亲虽然是纯粹的上海人，但1952年大学毕业后就分配到北京工作，并慢慢熟知了北京果脯。后来母亲离开了北京，但由于母亲的熏陶，所以在她的记忆里，北京果脯才是代表北京特色、宫廷特色的北京特产。

（四）北京果脯进入人民大会堂

当年在北京市果脯厂工作的一名员工在他撰写的文章中，则记述了北京果脯进入人民大会堂进行销售的场景。1986年4月，北京果脯厂为了满足中外消费者的需求，在人民大会堂开设了第一个直营销售网点。当时在人民大会堂主要销售的产品是苹果脯、桃脯、杏脯、海棠脯、太平果脯等果脯包装的什锦果脯礼盒。多种颜色的彩带礼盒吸引了广大中外游客的注意，一段时间竟然供不应求。他写道，当时到人民大会堂参观的人特别多，每天早上8点到下午3点半，除了中午能有不到一小时的午休时间，剩下的时间都是在忙着销售。虽然那段时间很累，但大家心里都是很高兴的。

（五）旧京老百姓眼中的干鲜果店

旧京时，老百姓喜爱吃果脯，销售果脯的店铺也是靠质量好、信誉好和服务好赢得生意的兴隆。

在北京出版社出版的《花市一条街》这本书里，作者赵润田根据福源长干鲜果品店经理张达人提供的资料，描写了老北京的干鲜果店。当时在城南繁华的商业街——花市大街曾有一个驰名北京的"福源长干鲜果品店"。小店历史悠久、资金雄厚、经营有方、货物齐全，在北京颇有名气。它的门脸儿上方悬挂着三块金色的镌匾，中间是"福源长"三个字，两侧分别是"货真价实"和"童叟无欺"。每天八方来客、顾客盈门、生意兴隆。店里特色一是品种齐全。除了有干鲜果品，还有糕点饮料和山珍海味，总共能保持800多个品种。二是经营有方。根据市场需求应节应季。采来的货物入店时，先进行挑选。按成色的好坏分等级，按质量标价。所有干货一律过筛，残次品剔除不要。店里的鲜果干净、新鲜、漂亮，招人喜爱。每逢过节产品种类丰富。三是管理严格。店员多来自山西文水县一带，都是住店的伙计，常年有27人，用人上不沾亲带故，避免矛盾，便于管理，留下的都是诚实肯干、能吃苦、肯学习的，每天工作时间长达十几个小时，店员吃住都在店里。

作者张亚伟在这本书的《花市店名录》一文中写道，西花市街按果局分类还有：久通干果铺（铺长：刘建禄）、永福号干果杂货店（铺长：李福昌）、福源长干果海味店（铺长：张益斋）等。

# 北京果脯的趣闻逸事

民以食为天。北京果脯自古就受达官贵人和平民百姓的喜爱，正是因为它独特的魅力，围绕它的趣闻逸事也是脍炙人口、千古传诵。

**（一）康熙皇帝对北京果脯盛赞有加**

康熙三十二年（1693年），康熙皇帝到红螺寺游览。传说，寺僧拿出杏脯让康熙皇帝品尝，结果康熙皇帝大加赞赏，其后果脯就成为每年供奉皇宫的贡品了。

另一种说法是，当时怀柔北部满族人彭氏，以擅长制作果脯而闻名。而康熙皇帝正在为兴建避暑山庄的选址举棋不定，于是来到历史悠久、香火旺盛的红螺寺散心。于是，彭氏一家借康熙皇帝在红螺寺进香之机，献上果脯请康熙皇帝品尝。皇帝尝后说出一句"此等美味，ceremonial当京城共享"，为其后北京果脯业的兴旺及"聚成永"的建立埋下伏笔。

**（二）糖葫芦的来历**

据说糖葫芦儿与南宋的皇帝赵惇有关。相传当年其宠妃患病，久治不愈，无奈张榜求医。有个江湖郎中揭榜进宫说："只要用冰糖与红果煎熬，每顿饭前服食五枚至十枚，不出半个月准能见好。"该妃子按此法服食后，果然痊愈了。后来这种服食法传到民间，老百姓把蘸了糖的红果用竹棍穿起来吃，逐渐又将大小两个果儿穿在一起，大个儿的在下面，小个儿的在上面，很像个葫芦，又因"葫芦"跟"福禄"两字谐音，有吉祥寓意，因而被称为"糖葫芦儿"。

清代文人纪晓岚对"不老泉"制作的糖葫芦非常欣赏，那新蘸出来的葫芦上，金黄晶亮的冰糖贴在红果、山药、海棠、橘子、荸荠上，一串串制作精美，在亮着灯光的玻璃罩内，流光溢彩，引人垂涎。他曾写有"浮沉宦海如鸥鸟，生死书丛不老泉"的诗句，自嘲自己的学问赶不上"不老泉"糖葫芦制作的精美。

### （三）"渍山果"何以传扬后世数百年

在红螺寺与红螺湖以西不远的地方有个村庄名叫红螺寨，红螺寨有一家高姓村民。说来这家高姓村民当年的当家之人名叫高琴平。高家祖辈传续果树种植技艺，高琴平在家族中是一世单传。虽属独子孤苗，可这高琴平绝无娇生娇养之习，生性勤奋聪慧，练就一副种果树的好本领，在十里八村有一号。

在明清交替、改朝换代的时期，怀柔境内红螺山以北地区发生了巨大变化。从怀柔北方涌来了大批满族军民，其中部分人员没进京城，只在怀柔最北一带驻扎了下来。在来到怀柔的满族家庭中，有户彭姓人家安身于喇叭沟门的望螺峪。这彭姓人家入关之前，举家侍奉一户贝勒爷。到此地开门立户的男主人名叫彭中金，为人忠诚，且熟知满人贵族生活习俗。彭中金膝下没有男丁只有女儿三位，情形恰与远在百里之外的高琴平相反。彭家来到果树种植之乡，自然也少量种些果树，只是当年学得的"渍山果"技艺没有了施展之处。

"渍山果"是满族冬季储水果的方法，就是将鲜果用糖蜜浸后风干。满人入关之前所"渍"山果，多为榛子、松子、秋梨之类。话说这一年风调雨顺年景不错，到了春节初一这一天，红螺寺前热闹非常，人们进香的同时来赶新年的第一个大集，或带些自产山货出售，或顺便买些年货回家增添喜气。

不管是机缘巧合还是天作之美，就是这一天在红螺寺前的巧遇，成全了两家的不解之缘。先是彭中金看到高琴平所售果子大吃一惊，后是高琴平因彭中金对山果加工一番高论兴奋不已。两人一见如故。未出正月十五，彭中金就携带最小的女儿春儿来到高家。还没有享用完高家的酒饭，高、彭二人便交流起果树种植与果子加工的问题。听到"渍山果"可解决果子的储存问题，高琴平兴奋不已。高、彭二人越聊越投机，双方了解了对方经验所长，相约新的一年两家相互协助，高琴平多植果树，彭中金秋天来红螺寨帮助加工果子。

二人谈论过程中，春儿与高琴平二子高棋安一直守在父亲旁洗耳恭听，两人不仅为两家即将开始的合作兴奋异常，同时，双方暗生情愫，悄悄地喜欢上了对方。新的一年开始了，红螺寨里的高琴平一家铆上了劲，春天里修枝打杈，夏季时松土薅草。皇天不负苦心人，到了秋天，果实压枝，一片丰收景象。果子丰收了，彭中金与心怀春意的女儿如约来到了高家。两家齐心合力，对收获的果子精挑细选，晾晒、整形、蜜渍、上色，完全依照彭家祖传方式精心制作，成批的"渍山果"即将加工出来。眼看这"渍山果"就要大功告成，"渍"的苹果、梨等果子无论口感还是色泽都十分理想，但"渍"当地特产的杏时总是感觉略差。原来杏是夏季所产，此时用的是已经晾晒后的原料。彭中金为此一宿没有合上眼，直至后半夜才心生一计。第二天，他让高琴平备好烧酒、八角、蜂王蜜等食材，紧接着一个人回到耳房调制一番。待将所调液体喷洒到所"渍"杏上时，一批口感、香气俱备的"渍山杏"做成了。

又是一年春节的初一，彭家将新加工制得的"渍山果"拿到了红螺寺前的集市上。隆冬正月还能吃到比秋季新采摘的果子口味还好的东西，人们相互传播纷纷前来购买，一时间高、彭两家的"渍山果"名声大噪。"渍山果"无疑既解决了果子储藏问题，又能馈送亲友、增加收入，加上高、彭二人又都是古道热肠之人，于是他们的智慧惠及了所有想从事"渍山果"的邻里乡亲。

从高家制作出售"渍山果"为开端，没有几年红螺寨一带就有了家家制作这种甜品的习俗，尤其是秋后到正月十五这一段时间，大家都以它为招待亲朋好友的上品，渐渐地，"渍山果"也就在京北一带传开了。"渍山果"在红螺寨扎下了根，在两家老人的首肯下，春儿与高棋安那婚事也就在几年内完成了。两家既已成为亲家，高琴平便更方便地去彭家帮助种植果树。两家你来我往，种植果树、蜜渍果子，二老到后来都成为这方面的专家。

就这样，怀柔一带"渍山果"在京北被人们熟知、食用，红螺山、红螺湖也以此开始名扬外界。30多年后，高家与康熙皇帝的一次奇遇，更使得"渍山果"传扬后世数百年。

（四）乾隆皇帝与糖炒栗子

有一年深秋，乾隆皇帝到西陵（今河北易县）祭奠先父（雍正皇帝），路过良乡县城。当时的知县姓杨，按礼制要设宴接驾。可他一琢磨，皇帝在宫里什么好东西没吃过，就是给他弄些山珍海味也不新鲜了。他见县衙外水果摊儿上正在出售刚出锅的糖炒栗子香味扑鼻，于是令人在县衙中摆了一桌当地特产，有大峪沟的磨盘柿、大石窝的蜜枣、京西白梨、糖炒栗子，外带一壶清茶。一路上，乾隆皇帝在各行宫里吃的都是大鱼大肉、山珍海味，早腻了，一见良乡县令接驾的是一桌特产，倍感新鲜，尤其那飘着香味的炒栗子更是诱人。他整整吃了一大盘，一边咂摸着滋味儿，一边赞声不绝，并随即赋诗："小熟大者生，大熟小者焦。大小得均熟，所待火候调。堆盘陈玉几，献岁同春椒。何须学高士，围炉芋魁烧。"他将炒栗子的炒制描写得淋漓尽致，随后钦定密云栗子为皇宫贡品，按时令进奉。

苏东坡的弟弟苏辙曾写诗《服栗》称颂栗子的食疗功效："老去自添腰脚病，山翁服栗旧传方。客来为说晨兴晚，三咽徐收白玉浆。"吃食板栗可以益气血、养胃、补肾、健肝脾，生食还有治疗腰腿酸疼、舒筋活络的功效。栗子所含高淀粉质可提供高热量，而钾有助维持正常心跳规律，纤维素则能强化肠道，保持排遗系统正常运作。

## （五）金糕（山楂糕）与冰糖葫芦

在百多年前的一天，吃腻了山珍海味的慈禧太后，突然心血来潮点名要吃山楂糕解馋，宫人急忙找来京城做山楂糕最出名的张掌柜连夜赶制。由于精选原料、细致加工，做出的山楂糕色泽红润且透着丝丝金黄，慈禧品尝后极为喜爱，不仅对这爽滑细腻、酸甜可口的滋味赞赏有加，更是爱极了这为皇家所专用的金色，于是金口一开、亲封其名为"金糕"。之后王公贵胄纷纷跟风购买，以至于一时间金糕竟供不应求，名震北京城。慢慢地，人们便将所有不论什么颜色的山楂糕都叫作金糕，并且一直叫到今天。

老百姓也将山楂穿起来卖，就成了冰糖葫芦。制作冰糖葫芦既简单又不简单，关键技术是熬糖。冰糖其实是砂糖，放在红铜或黄铜的大勺里熬。熬的时候一要注意火候：火候不到容易发黏，吃时会粘牙；而火候太大，不仅颜色重且吃起来还会发苦。二要把握稠度，稠了蘸不起来，稀了挂不住。另外要将山楂去核，去核不能将山楂一切两半，要用小刀在山楂的中间转一下。将核取出后用竹扦子穿上，然后放到熬好的热糖里滚一下。热糖冷却后，便成为晶莹透明的糖葫芦了。由于糖的品质、熬的技术和山楂的品质等有高下之分，糖葫芦的品质自然也就有高下之分。

（六）慈禧爱吃北京果脯

慈禧爱吃北京果脯，也特别爱吃茯苓饼。茯苓夹饼虽不算果脯类，但是从制作美食做辅料或是销售时，它总是和果脯放在一起，所以写果脯时，也很容易把茯苓夹饼说几句。

相传，有一次慈禧太后得了病，不思饮食。厨师们绞尽脑汁，选来几味健脾开胃的中药，发现其中产于云贵一带的茯苓，味甘性平，且有益脾安神、利水渗湿的功效。于是，他们以松仁、桃仁、桂花、蜜糖为主要原料，配以适量茯苓粉，再用上等淀粉摊烙成外皮，精工细作制成夹心薄饼。慈禧吃后，很满意，并常以此饼赏赐宫中大臣。因此，茯苓饼更加身价百倍，成了当时宫廷中的名点。后来这种饼传入民间，成为京华风味小吃。

（七）酸梅汤与打冰盏儿

"樱桃已过茶香减，铜碗声声唤卖冰"出自清代诗人王渔洋写的《都门竹枝词》，诗赞老北京夏日街巷里用打冰盏儿出售冷饮冰食时的亮景。冰盏儿又称冰碗儿，是以生黄铜制成的直径约三寸、外面磨光的碟形碗，不是用它盛冰食，而是用两只碗叠在一起敲击作响以代替吆喝。

至少从宋代起，已使用各种响器替代或配合单纯的吆喝声，响器成为商肆商贩出售各种小吃，尤其是各种冷食的宣传方式及广告工具。到明清及民国时期掂打铜碗已成为冰食类如酸梅汤、果子干、玻璃粉、冰水等小食品专用唤卖的独具特色的响器。

传说明太祖朱元璋在没带兵打仗前，曾因暑湿闹病，自己采集乌梅煮成药汤，用铜碗服用后治好了病，后来为维持生计也曾贩卖乌梅汤。因此，后世就把朱元璋奉为发明酸梅汤的祖师爷了。民国时期，街市里的冷饮店或干果店里都悬挂一张朱元璋画像，笔者就曾在花市大街著名老字号福源长干果店见过此景，其左手握着一个大月牙戟，右手持着两个深黄色小铜碗。那时一些店铺在画像前还常燃着香，供奉着糕点水果。卖主吆喝："哎，真甜的又凉的酸梅汤哟。"有时还唱："哎，酸梅汤来真好喝，玉泉山水骆驼驮。那什刹海的冰，干净又卫生，桂花白糖我往里搁……"

自春至冬，尤其是在盛夏的深夜里，有些小商贩推着两轮排子车，车上摆满酸梅汤、红果糊糊、酸枣汁、江米藕，以及孩童们最爱吃的粽子糖、变色糖球、瓜子等，往来穿梭串胡同。正像《都门竹枝词》中所写："铜碗声声街里唤，一瓯冰水和梅汤。"年少时每当听到打冰盏儿的声浪，必跟母亲要些钱，与姐弟同跑出家门去买零食吃。我们眼见满车的好吃食，真想都买回家去呀。而消暑御热的酸梅汤的确有一定的杀菌和抑制病菌的作用。李时珍的《本草纲目》曾载："乌梅能除热送凉，安心止痛，并可治霍乱、痢疾、咳嗽等病症。"小说《白蛇传》里曾写了乌梅避疫的故事。

冰盏儿是以生黄铜制成外面磨光的碟形碗两只，敲打时夹在手的中指、无名指中，小指托住下面的碗底，不断挑动敲击下面的碗，使碗发出清脆的"嘀嘀、嗒嗒"声，抑扬顿挫并有节奏。

在夏季卖酸梅汤、冰镇果子（柿饼、杏干、鲜藕合制品）、红果糊子膏、雪花酪和西瓜的商贩都敲打冰盏。到了冬天，是卖干鲜果品和冰糖葫芦。在炎热的夏天，饮上一两杯酸梅汤，酸甜适口、清爽舒适。每年春末夏初起，一直到八月十五，街头胡同内经常会听到"得儿铮铮"的声响，伴随着挑夫、摊主的吆喝"冰镇熟水梅汤"，听到的人就知道卖酸梅汤的来了。

### （八）尝青梅论当世

"青梅煮酒"是《三国演义》里的精彩章节。说的是三国时期，董承曾约会刘备等人立盟除曹。刘备恐怕曹操生出疑心，每天不关心其他事情只是浇水种菜。曹操听说此情景后，以青梅绽开，煮酒邀刘备宴饮，边饮酒边议论天下英雄。时光的流逝，把很多东西一洗而空，当年的豪华铜雀台如今迹象荒芜，当时的赤壁古战场金戈铁马的情景也只有在电影中才能看到。但是曹操和刘备《青梅煮酒论英雄》的有趣故事，始终口口相传。

上面是英雄和英雄之间的青梅故事，另外还有朋友之间的青梅故事。古时文人墨客相约以谏为约，如林嗣环致纪伯紫谏："弟方自外归，偶有斗酒，雨中无事，窗外青梅一株。梅子累累，正堪与道兄一论当世也。"讲的就是林嗣环想约友，不仅是为了饮酒，尝青梅论当世，才是最惬意的事情。

### （九）张俊以果品为皇上设进奉御宴

宋人周密在《武林旧事》卷九中记录了宋代这样一个例子。宋高宗曾亲临张俊府邸，接受他的进奉御宴。张俊是一个弓手出身的大将，他曾与岳飞、韩世忠并称"三大将军"。绍兴二十一年（1151年）10月，宋高宗接受了张俊进奉的御宴。

当时的张俊专门为宋高宗准备的果食馔品多达100款，由此可见宋代御膳之丰盛。正宴之前，两番奉上的水果、干果、香药、蜜饯就有近百种之多：干鲜果品主要有香橼、真柑、石榴、鹅梨、荔枝、圆眼、香莲、榛子、松子、银杏、梨肉、枣圈、大蒸枣；雕花蜜饯有梅球、红消花、笋、金橘、青梅荷叶儿、木瓜方花儿；砌香果品有椒梅、樱桃、葡萄、梅肉饼、姜丝梅；其他还有番葡萄、大金橘、小橄榄、余甘子、春藕、甘蔗、红柿、绿橘、新椰等。[1]

注　释

[1]王仁湘：《饮食与中国文化》，人民出版社1993年版，第513页。

# 参考书目

BIBLIOGRAPHY

李基洪、陈奇主编：《果脯蜜饯生产工艺与配方》，中国轻工业出版社2001年版。

北京文史资料研究会编：《北京往事谈》，北京出版社1988年版。

陈学平、叶兴乾编：《果品加工》，农业出版社1988年版。

北京市西城区副食品零售管理处青年售货员编：《副食品商品学》，中国人民大学出版社1958年版。

北京市政协文史资料研究委员会、北京市崇文区政协文史资料委员会编：《花市一条街》，北京出版社1990年版。

张振华、常华编：《中国岁时节令礼俗》，改革出版社1995年版。

叶祖孚：《北京风情杂谈》，中国城市出版社1995年版。

于书文主编：《品味红螺》，中国文联出版社2015年版。

金受申：《老北京的生活》，北京出版社2016年版。

胡玉远主编：《燕都说故》，北京燕山出版社2003年版。

北京燕山出版社编：《古都艺海撷英》，北京燕山出版社1996年版。

《红楼梦》章节。

《北京志·商业卷·饮食服务志》。

唐鲁孙：《中国吃》，广西师范大学出版社2004年版。

李登科主编：《北京历史民俗》，中国环境科学出版社1993年版。

金易：《宫女谈往录》，紫禁城出版社2004年版。

李颖伯：《格致之路——古都北京的科技文化》，中华书局2015年版。

刘开美：《地域文化与地方学研究》，学苑出版社2015年版。

北京市第二商业局史志办公室编：《当代北京市副食品商业》，中国财政经济出版社1993年版。

王仁湘：《饮食与中国文化》，人民出版社1993年版。

刘宝家等编：《食品加工技术工艺和配方大全》下册，科学技术文献出版社2005年版。

# 附录一 北京果脯相关资料

## 一、李滨声和常宝华回忆北京果脯

### （一）李滨声回忆北京果脯

我在北京生活了近80年，对老北京的果脯情有独钟。

小时候的皇城根，给我留下了许多记忆。我是吃着北京的小吃，唱着"风来了，雨来了，老和尚背着鼓来了"的儿歌，一天天长大的。说起北京传统的小吃，我用"花样太多了"来形容。印象深的主要是糕点和果脯。我最爱吃的小吃就是甑糕，也叫顶糕，一次只能蒸一个。食材是糯米粉，主要做法是，把糯米粉撒进模具里，这时必须要加果脯青红丝，吃起来才好吃。甑糕蒸熟后往下按模子，甑糕被顶起后，托在黄色的包装纸上。那时食品包装没有今天的花哨，几乎很多商品用一张纸四四方方地包好，就齐了。

果脯自然是以水果为主，几乎是原汁原味，它保持了独有的色素、纤维素和营养素，每个水果有它自己的特点，经过糖的加工腌制后，成为一种不受季节限制，可以储存的食品。品种最早比较少，以苹果脯为主。过去制作果脯时，都要靠手动整形，打平后，用切刀切成小块，再用糖盐发酵以后做成。做果脯的原料一定是非常新鲜的，品种好的，果形正的，口味甜的。因为选料精，制作严谨，所以做好的果脯食品，让人一看有品相，有食欲，拿起不粘手，看着透明，而且果形很正。

那时候老北京的果脯技艺，全部是手工制作，没有今天的现代化机械设备，所以生产的量小。老北京的果脯制作非常讲究，从外表上看着要透亮，吃起来要爽，糖分虽大，但是不能黏。从颜色来讲，黄色是正宗，苹果果脯是最高级的，制作时一个苹果只能出四块果脯，因为去了皮，是前后左右四刀。其次是杏脯。瓜藕可以做果脯，但是用梨和桃做时要注意，梨水分大，桃果肉软。老年人喜欢瓜条、藕脯，这两样东西健脾开胃，营养丰富。瓜条、藕片做果脯比较简单，先是将原料切好后，用小火煮、放好糖、抽出水分，就是果脯。藕脯要竖着切，切成金钱片，大小适中。苹果、杏干是黄色，瓜条和藕脯是白色，所以，老北京还给它们起了个好听的名字，叫"金玉满堂"。"金"是苹果、杏脯，"玉"就是瓜条和藕脯。那时的小孩，都找带颜色的果脯，果脯里红、黄、蓝、白、黑颜色都有，像苹果什么的，都属于红的。另外在杂拌里边有个品种是"白雪红梅"，红色的是金糕条，白颜色的是藕片，切藕片要斜刀，即立刀切。制作时要找非常细的，比较圆的嫩藕。"白雪红梅"可能已经失传了，早年在20世纪30年代初40年代末，东安市场很常见。那时，在东安市场，一进门还有个卖糖葫芦的。

另外，西瓜可以入药，过去都有西瓜膏。过去西瓜跟现在西瓜不一样，过去西瓜有三种，第一种是绿皮，常见的，会有花纹，红瓤、黑子，第二种是黑皮的，叫黑蹦筋儿，最后一种是黄瓤黑子，这个30年代末就很少见了，是西瓜里最高贵的了，价钱也很高，吃的人很少。据说，瓜条最早是西瓜做的，它是白皮、白子、白瓤。西瓜品种不一样，口味也不一样，特别是切的皮那一段很厚，这个切下来的也是瓜条，经过汤煮后，到嘴就化，而且生津止渴，老年人特别喜爱。

果脯虽然是水果做的，但是旧京时期，过去水果店从来不卖，甜食店和油盐铺也不卖，在哪儿卖呢？干菜店卖。现在可能许多人不知道干菜店，干菜店就是卖山珍海味的店，最具代表性的是30年代时，前门大街路东的通三益、聚顺和。它们曾经是最大的卖果脯和山珍的店。山珍包括口外的口蘑、关外的蒸品，海鲜呢，那就是鱼翅、鱼肚、海参、江瑶柱，江瑶柱就是现在的干贝，所以果脯跟这几个山珍海味是一个级别的，一般店铺都不卖。

我小时候吃果脯，只知道吃，没有多少研究。后来，对果脯有了了解，知道了果脯的制作和销售都注重颜色，大体有红、黄、蓝、白、黑几种。红就是京糕条之类的；黄就是杏干、杏脯；蓝色就是绿，如冬瓜条；白色是藕；黑果脯说不上具体果品，习惯把金色蜜枣划为黑色的一类。五颜六色的果脯制作好后，色、香、味俱佳。

吃老北京的果脯，实际上吃的是文化，尝的是品位。中华人民共和国成立前的果脯，虽称不上是金贵的食品，但是穷苦老百姓还是吃不起。今天人们生活水平提高，都尝到、吃到果脯了，可是过去那起码是中等以上人家才能享用的。过去果脯的确没有现在这么多，因为果脯只限木本水果，水分太大的草本的水果做不了原料，现在科学进步，都可以做，很多食品都可以利用了。有些食材制作时与辅料很和谐，制作也很合理的，都可以用来做果脯，所以现在果脯的涵盖量很大，品种花样多了。现在红螺食品的果脯在超市、商场、机场、车站都有售卖，五颜六色的果脯，想吃啥样的，就买啥样的，想吃啥就买啥。

**（二）常宝华谈北京果脯**

老北京人四季都随着节气吃果脯。过去那个年代商品匮乏一般是过节啊，或是来个朋友啊，就摆果脯放在果盘里，果盘里什么都有，俗称叫"杂拌儿"。可以说是老少都爱吃。

过年或是接待客人的时候，这个席面上把红红绿绿的老少咸宜的果脯盘摆出去，这显示的也是生活有品位啊。我印象里，老辈人和祖上都爱吃瓜条，西瓜条作为茶食喝茶时吃，清咽化痰，因为西瓜条是一种药材。

现在超市里卖的红螺食品的马蹄小包装果脯很好吃，马蹄又称荸荠。这个荸荠入药，它具有清热化痰、开胃消食的效果。荸荠还可以入菜，味道也非常不错。比如做牛肉馅饼时，放入剁碎的荸荠，味道非常好。荸荠以前是北京人很熟悉的食品，过去北京水系很多，北京盛产荸荠。荸荠也分南北荸荠，北方荸荠比较小，制作果脯要洗，洗去泥，还要挖去皮，非常复杂。现在有时可能用到的是南方生产的，个头非常大，很受欢迎。在我印象里面好像以前果脯没有这么多样，现在品种可不少，草莓、紫薯、栗子、圣女果都在红螺果脯的品种里了。

（根据2015年5月，在北京老舍茶馆口述整理）

## 二、崔普权（北京民俗专家）

记忆中的山西商人与干鲜果行。

我对北京果脯厂的工人技师——96岁的武锡爵老人去世的消息，十分悲痛。那位老人曾对我谈起一些果脯的往事。

年近百岁的武锡爵老人自小在聚顺和做学徒，人称"聚顺和的活档案"。1957年他曾因父辈的身体不好而离职，但半年后，因加工蜜枣又被请回到北京果脯厂直至退休。

山西的省会太原，古称晋阳城。北宋期间，山西商人到外地经商已逐渐形成习惯。特别到元末明初，由于中原大地的战争频仍，旱涝虫灾使得田园荒芜，人口流离。与此同时，在远离战场的山西则因风调雨顺，生活安定而使得冶铁业、盐业、纺织业、手工业等兴起和发展，从而又大大刺激了山西商业的进一步兴盛扩大。

为了扩大经营和资金的流通积累，山西商人的足迹遍及全国，甚至远走海外。山西人外出经商是根据各地区条件不同而各走一路，各经一行的，如晋南人立足于西安、兰州、宁夏等地，晋北人掌握了内、外蒙古（今蒙古国）的经济，其时有"东口至西口，喇嘛庙到包头，卡图库伦也要走"的说法，祁县、太谷的银行、票号，灵石、介休的古董、当铺，交城、文水开栅镇的粮食、皮毛，汾阳、榆次的丝绸、颜料等均在全国商业界占有很大的地位。

在京津唐一带还有这样一句话："没有文水老西儿，北京城的干果铺子就得关门。"文水是晋中的一个县，距太原仅80公里，交通便利，物产丰盈，人才辈出，武则天系该县南徐村人。余之先祖父讳永年公（1854—1942年），先严讳良卿公（1896—1955年），旧时分别在北京大栅栏的"永顺信"和鲜鱼口内的"义诚源"店铺经营此行。家人、亲属、故旧亦多从此道（如李仁安、张金龙、文效孟、郭泰年、武锡爵、成守安、马全瑞等人）。

据1985年第2期的《山西文水文史资料》记载："文水全县经营干鲜果行最盛时达2000余人，其中仅岳村就有120多人。"1932年的"北平干鲜果行同业公会"注册商号近300家，其中山西文水籍的商人和学

北京果脯

徒占四分之三以上。

干鲜果行是包含很大的土特食品行，主要有干果行（红枣、柿饼、核桃等）、鲜果行（应时或冻藏的鲜水果）、炒锅行（花生、瓜子、松榛等）、蜜饯行（果脯、桃干、青梅等）、干菜行（黄花菜、木耳、口蘑、笋干等）、南味行（火腿、香肠、松花、腊肉等）、调料行（较高档的陈醋、生抽王、味精等）、粗海味行（虾皮、海带、海白菜等）、细海味行（燕窝、鱼翅、鲍鱼等）、水发行（泡制海参、鱿鱼、蹄筋、玉兰片等）。在具体经营中根据店铺的财务情况而又有选择，大致可分为两类，上述的前四行为一类，后三行为一类（其他如干菜行、南味行、调料行大都兼而经营，后者兼之的更多，但有偏重）。

旧京的前门大街一带因距皇宫较近，会馆集中，戏楼雅荟，明清两代逐渐发展成为繁华市场。干鲜果行的鼎盛时期自慈禧太后执政起，如创业于清嘉庆二十年（1815年）的老字号通三益，原店铺字号为三益珍，旧址在运河北端的通惠河岸边（今京东通县）。后因运河被铁路运输取代而使生意受到影响（旧京火车站位于今前门东侧），遂将店铺迁至前门外大街五牌楼迤南，更字号为通三益，意为原通州三益珍。通三益经营干果和海味（曾以醉翁牌秋梨膏驰名中外）。其他干鲜果行的积聚处为西单、鼓楼等繁华处，如位于大栅栏的聚顺和、永顺信、永顺和，位于前门大街的信义源、通泰德，位于东四的源兴昌、长盛义，位于鼓楼一带的聚盛公、聚盛昌，位于鲜鱼口内的义聚隆、永生源……

干鲜果行的经营人员多系同族、同乡，或由同行做中介人推荐学徒，他们互相了解，语言相通，生活习惯相近。纵观山西人生财有道的原因大致有八：一、讲求信用，遵守诺言；二、广设分号，信息灵通；三、礼貌待客，送货上门；四、精打细算，刻意积累；五、降低成本，薄利多销；六、任用人才，放手不疑；七、号规谨严，奖罚严明；八、东伙利害相连、人人全力以赴。这些经验，有的在今天还可借鉴和继承。

进此行的学徒三年内由店内包吃、包住、包穿，但不拿薪金。主要工作是服侍掌柜的，干下手活，熟悉业务知识，了解保管情况，练习算盘，看管仓库，打扫卫生等。如表现不好，店铺可随时通知中介人将学徒辞退出号。三年期满后，根据个人条件而量才起用，每年可挣24元至60元不等的工薪，但平时作为资本周转金或划股入柜，不得私自随意支取，探亲期间扣除膳食费而一并结算归己（探亲期间不扣工薪，以出工计算）。这种柜规是一种剥削的手段，但所有人员一律如此待遇，易养成吃苦耐劳和节约勤俭的风尚。

干鲜果行的进货情况不一。有的店铺资本雄厚，采用火车运输或自行组织进货，如大店铺多有两三把骆驼（每把六七头不等），去内蒙古、张家口一带进货。较小的店铺则与货主订货，待货主将货运到再交易。旧时的干鲜果行市场主要有德胜门、朝外大街、果子市、天桥四个。这种局面持续了若干年，直至20世纪50年代初，国家对花生、瓜子等油料作物统购统销以后才逐渐减少和最终消失。

干鲜果行对暂时卖不出的水果处理手段有三——晒果干、做果脯、用冰冷藏，待节时高价出售。因而店铺均是前店后厂，如开业于道光三年的老字号源兴昌还制作山楂糕、果脯向外批发。

老北京的干鲜果行除了正常的售货外，还结合时令出售供品（如端午节的黑桑葚，中元节的桃、李、杏、栗、枣等）及应季的鲜莲蓬、鲜百合等，自制酸梅汤、红果酪、糖葫芦等。几乎每家店铺都有自己的拿手绝活：聚顺和的茯苓饼、万升德的炒红果、二妙堂的合碗酪、汇丰斋的山楂蜜糕、九龙斋的果子干、聚生斋的蜜供……

干鲜果行大都在门前设立摊案，店堂里靠后墙都有通壁长的货案子，货案上摆放鲜果（如桂圆肉、槟榔等则置于白色的横卧式玻璃瓶中），呈"品"字形，底大上尖，既整齐又显丰足。货案后挂一块通壁长的大镜子，人在案前站立竟有身置鲜果堆中的感觉。门前摊上铺有藏蓝色垫布（四周为红色摆边），店家身着长衫，手持一长把甩头的掸子，面带微笑不时地寒暄和叫卖，以招徕顾客。果品店内还备有柳条筐，为花篮形、六角桶形等状，可装鲜果四五斤，包装时铺上红、绿两色的门票各一张（门票即店家自印的上有字号、经营范围、地点等项的铺票，既为装潢，又为广告），然后用染过色的麻绳儿捆好，顾客购此物多为馈赠友人。除了门市售货外，大店铺还有自己较为固定的主顾，如大宅门的官员、贝子贝勒、大商人等，这些人只求质好果鲜，不怕贵，多由店伙送货到府上。此外需要送货的还有大饭庄订的果席等。

旧京干鲜果行于每年的年底要进行清仓，把卖剩下的各类货物加工变换个方式推销出去，将桃脯、杏脯、苹果脯、青梅干、瓜条、糖藕、金丝蜜枣等掺杂一起，谓之"杂拌儿"。此物因是春节过年的孩童食品，故此物上市也是春节即将来到的信号。在旧京的竹枝词中有咏此物的篇章。

蜜饯果脯历史悠久。明代御膳房把用蜂蜜浸泡过的梨块、桃杏等加以煎煮。清代以糖取代蜂蜜，果脯曾为宫中的贡品。北京果脯曾在巴拿马太平洋博览会上获奖。今退休的原北京果脯厂工人技师武锡爵原为干鲜果行中专门制作果脯的工人。老人会制作橘子脯和白薯脯，他讲述了诸多逸事趣闻和传说。

炒锅业是一个苦且累的行业。曾在德胜门羊房胡同经营炒锅的柳东福老人系原果行中的文水籍学徒。如今生意很红火的他，使用的设备依旧是土造的：整麻袋的花生、瓜子、榛子、蚕豆等堆积码放，一缸缸香料水中浸泡着待入味的炒货，炒货用的香细土爆土扬尘。说真的，是太不容易。柳先生告诉我："为了货好卖，要保证色、味、香、脆、酥，我是怎么学的就怎么干。"他还讲述了有关旧京炒锅高手"瓜子韩"和"炒锅李"（吉安）的故事。统购统销后，他曾一度改行。现如今管理3个炒锅点，还带出了好几个徒弟，研制出了"瓜子系列"的10个新品种。

海味行其实是同干鲜果行有较大区别的。中华人民共和国成立后，国家将调料行归属副食行，而将海味行划归水产公司辖属。这是要有很强业务知识的，同时又需要丰厚资金的行业。货物全部自采自进，派有专业知识的人到汉口、宁波、旅顺、烟台等沿江、沿海城市采买。主要商品有燕窝（分毛燕、血燕、暹罗燕等）、鲍鱼（分紫鲍、明鲍、日月鲍等）、鱼肚（分黄鱼肚、红毛肚、鳗鱼肚等）、海参（分灰参、刺参、梅花参等）、鱼翅（分尾鳍、披刀翅、黄肉翅等）及鱿鱼、淡菜、干贝等。

### 三、常人春（已故民俗专家泰斗）谈撒帐与吉祥果

撒帐是汉人传统婚俗。新婚夫妇拜摆天地后，在洞房里要举行"坐帐"仪式，表示新郎、新妇已同床共宿。坐帐之前，由婆亲太太或一"全福不忌"（有配偶、子女，又不犯新人所忌的属相）的长者，拿一茶盘（盘者，碟也。"碟"与"瓞"同音，寓意瓜瓞绵绵，子嗣兴旺），内盛枣、栗、榛子、花生等吉祥果（亦称"喜果"），向帐内的床上或炕上抛撒，同时口念祝词。例如："一把榛子撒四方，明年生下状元郎""一把花生撒炕里，天仙圣母来送子""一把栗子一把枣儿，小的跟着大的跑"等。在新被褥的四角，也用线穿此四种喜果，以取吉利。

在汉族习俗中，有5种吉祥果，都是干果。一是核桃，因"核"以"和"谐音，取"和气、和美、和为贵"之意，教育人诸事尚和。二是栗子，因"栗"与"利""立""励"谐音，取"吉利、利益"之意，教育人应自励、自立，栗子主要有"立子"的含义。三是枣，因枣以"早"谐音，取枣儿，"早儿""早生儿"之意。亦为教育人，"早起尚勤""凡事宜早不宜迟"。四是榛子，榛者，"贞"之谐音字也，"贞"为大吉。旧有"四德"元亨利贞，教人以贞洁操守之意。五是花生，俗称长生果，花生，寓意"男女花着生"。此五者是吉祥喜庆之意，又有教人立身之意。

不过近代北京市区所谓喜果，则指桂圆（老北京人，俗称"桂圆"，寓意圆圆满满），荔枝（寓意"立住""支起"），红枣、生栗子（寓意"早生立子"），生花生（寓意即生男也生女）五种，以胭脂染红而用之。如果去掉生花生，加上柿饼（寓意事事如意），即为春节上供用的年饭果。

# 附录二　北京果脯征文选登

## 一、寻腔觅味品果脯（常露秋）

有人说，北京果脯的记忆留在了老一辈人的心里，其实不然，在"80"后的眼里、在我的记忆里也有着难舍的情缘。6岁起一直到上初中那些年，正是计划经济时期，商品非常匮乏。食用果脯其实也是很奢侈和兴奋的事情，正因为此，果脯从在那个年代直到今天，都在我心里留下了美好的回味。

那个年代人们还不兴过节去酒楼消费，所以每逢春节父母都约好友到家聚餐。为了聚餐时食品丰盛，家里总是提前就要准备好什锦果脯做江米八宝饭。记得父亲上班离东风市场（现在的新东安市场）近，所以每次都是他下班后排队去买果脯。买回家后，每当看到五颜六色的果脯时，我总忍不住挑几块吃。母亲就说："瞧你，现在吃了，做八宝饭时果脯的颜色就没那么多了。"所以母亲把果脯小心放到橱柜最上面那个格子里。

说实在的，那个年代也只有过节时，人们才能解解馋，平时也不经常买果脯，果脯也是奢侈品啊！做江米八宝饭父亲总是把橘子皮洗干净切成小丁，然后放水和糖熬成糖糊糊，配上小红枣一起撒放在江米饭上。听母亲说，我的太姥姥还会熬桂花汁。这些点点滴滴形成了那个年代的美味。

那个时候虽是过年了，可就连花生、瓜子也是凭购货本按人头供应的。为了让大家聚餐时餐桌上的食品、菜肴丰盛些，父亲提议每家来时都带一道自家制作的拿手菜，父亲的拿手菜是红烧排骨，另外每次都必有一道七彩八宝饭。这也是父亲的拿手菜，每年聚会的朋友和朋友家的孩子，都点名非要吃父亲做的八宝饭呢。

七彩八宝饭是用各种颜色的果脯先码放在饭盒最下面，有红色的金糕条、绿色的青梅、黄色的苹果脯、白色的冬瓜条、橙色的杏脯等，这些果脯放好后再把经过浸泡的江米放果脯上面，然后加上适当的水上锅蒸熟。等八宝饭凉凉后，再小心翼翼地把饭盒里的八宝饭倒在一个大盘子里，原本码放在底下的果脯就跃然在上面了，红绿黄白橙的五彩果料，清淡雅丽，果味浓郁，甜而不腻，真是色香味俱佳啊！每次聚餐它都是餐桌上的最宠。因为这道菜肴制作的秘诀是：加工要精细，外观要精致，口味要精美。多少年过去了，每次春节不管饱尝多少美餐，还是对果脯八宝饭的美好回忆挥之不去。

现在商品极大丰富，人们想吃什么几乎就能买到什么，但家人还是爱买红螺果脯，每次去超市母亲都要买红螺果脯，一是作为休闲食品吃，二是家人都爱吃果子面包，于是母亲买了面包机在家自己做面包了，每次做面包除了放鸡蛋、白糖、食盐、奶粉、食用油、面粉等原料外，红螺的果脯也不可或缺。

面包机的面包制作食谱里有蜂蜜面包、鸡蛋面包、法式面包等，并没有果子面包的做法，母亲做的果子面包是她自己的发明：在面包机搅拌十多分钟后，把切好的果脯放进去，最后黄黄的面包散发着果脯的香气，特别松软好吃。前几年我在外地呼和浩特城市上班，每次回京再返回时，母亲都要做两个果子面包给我带回呼和浩特市，一个在路上吃，一个带回去大家一起吃。现在回北京上班了，母亲仍然做果子面包，除了在家当早点吃，有时也会带到单位给大家吃，同事对果子面包都是百吃不厌啊！

小小的果脯面包和过去的七彩八宝饭，承载着我们生活的变化，演绎着甜蜜美好的生活，这美食里有红螺企业对社会的贡献，有父母深深的爱，它们在心里和精神上是最珍贵、最甜蜜的亲情和最难忘的记忆味道。

难怪1993年，88岁高龄的老舍夫人胡絜青曾应邀为北京小吃题词"寻腔觅味品小吃"，这大概就表现了很多人探亲访友、寻根怀旧的那份情思。许多食客，已经不单单是为品尝各式果脯，而是想通过品尝来寻觅北京果脯带给人们的情思和情意。

### 二、每个人心中都有果脯的美好梦想（青青）

我国是农业大国，节气和过节一样，历来是我们生活中的重要事情。当固有的节日已经琳琅满目时，是否可以插上想象的翅膀，称农历七月十五日的中元节为果脯节呢？或者把它定位到现在传承技艺的红螺食品企业为"红螺果脯节"？这是一些喜爱果脯的人的美妙想象力。

过去道经以正月十五日为上元，七月十五日为中元，十月十五日为下元。按照道教的说法"中元"之名起于北魏，有些地方俗称"七月半"。据古书记载，中元节与除夕、清明节、重阳节是中国传统节日祭祖的四大节日。我国民间多是在此节日里怀念亲人，并对未来寄予美好的祝愿。

道家全年的盛会分为三次（合称为"三元"），"三元"就是天官、地官及水官"三官"的别称，正月十五日、七月十五日以及十月十五日分别为三官大帝的诞辰。《农业百科》有描述：旧时农历七月十五日的中元节时期，盛夏已经过去，秋凉刚已开始，丰收情景在即。人们相信祖先也会在此时返家探望子孙，到人间祭祖。所以北京地安门的火神庙、西便门外白云观为了祈祷"风调雨顺、国泰民安"，纷纷举办"祈福吉祥道场"。

我国南方江西、湖南的一些地区，中元节是比清明节或重阳节更重要的祭祖日。人们要用面捏成许多瓜、果、桃、李、莲、菊、梅等造型的花馍，点缀以花、鸟、蝴蝶、蜻蜓、松鼠。这些面塑蒸熟以后，再经过五种颜色着彩，看上去栩栩如生，每一件都可以称为绝佳的手工艺品。捏花馍已经成了农家妇女展示灵巧手艺的一项节目了。

从上述有关中元节的传说中，现代人可深切认识到中元节的祭祀具有双重的意义，一是颂扬怀念祖先的孝道，二是发扬推己及人、乐善好施的义举。中元节渗透着人们祖先对先人与社会及大自然的崇拜，是一种超然的感恩之心，表达了对祖先敬天地、敬祖宗、敬老慈幼、追求和谐社会的生存观念。

其实史料记载，中元节不次于清明节，过去小孩都拿着莲花灯大街上斗灯玩耍，非常热闹。如果说时下夏季和冬季都难觅老北京"果子干"，我们在中元节时满足了老百姓食用"果子干"及各种果脯的需求，或者让消费者在果脯节中，自己动手享受制作果脯的过程和感受果脯文化，用果脯的自身价值可以辐射和带动更为庞大的关联价值。也许我们会发现，原来果脯发展的天地竟是如此广阔和美好！

果脯行业能否以新的方式和姿态实现升级和重生呢？我们是否应该有对"果脯"更多的创新意识呢？

## 三、舌尖上的京味儿（林隐君）

一种从天堂里散发的

可以惊动巴甫洛夫的条件反射学说

也可见搅动起上层建筑视觉的味道

从北京果脯行唯一的一家

红螺百年老字号里，浸润而来

芳菲浩荡，香远溢清，让我分不清

你是在滋养岁月的心脾，还是在用时间的光阴

勾勒味蕾上的酥麻韵脚


置身在红螺的食品之间，真的可以赏心

可以悦目，可以沉醉，可以看她

在晨钟暮鼓般流逝的时光里

怎样用清透、碧洁的玲珑之形

静美之势，穿越大清的御品供房

静静来到我们的肠胃

从此置文化于胸怀，润岁月于无声


有多少次，我在京城，看着这些

精美的果脯，以红螺食品的名义

押着色泽饱满的韵，安静，恬适，羞涩

醉美于大街小巷和胡同之间

北京果脯

醉美于满颊生津的万般风情之间

就会滋生一种清润盈卷的人文传承

与现代文明的成果高妙运用的

诗意栖息，在柔肠里宛转百味


又有多少次，我平心静气

就着一壶茶水，外加一曲京腔京韵

把肉体和灵魂，安放于这些用文化和情感的

深厚表达，来生动展现的历史蕴藏

一种现世安稳和岁月静好的感觉

就会沿着舌尖，触须般深入身体

转化成一种清幽、欢愉和幸福的气息

在赤、橙、黄、绿、青、蓝、紫的

生活琴弦里，一一弹动

而当这些从宫廷御膳返回到民间的传承

衔着古典的意境，在纵横的历史坐标上

书写老北京一个永远不老的传说

当这些充满着"人诚品真，以义取利"的北京风情

以一种以人为本的人文关怀，渗了千家万户

成为精致的生活中，一份不可或缺的

精神象征、京味符号和物质载体

就禁不住想


如果有一天我们老了，生命不复流年的绿意

是否还有一种口感，可以惊动我们的味觉

是否还有一种记忆，可以耸动起岁月底层的渴望

是否还有一种牵引，可以闪烁于人类斑驳的情感磁场

是否还有一种功能，可以让舌尖继续抛尘世于身外

行走于从视觉、嗅觉、触觉引至神经末梢

引至敬慕俯仰的岁月高山之上

生命，由此浸染成一种万紫千红

满嘴京味儿的红螺时光

# 附录三　宫廷菜谱中的果脯蜜饯

## 一、仿膳饭庄满汉席

### （一）第一度宴席

到奉点心：仿膳饽饽。

四干果：核桃粘、怪味杏仁、奶白葡萄、炸龙虾片。

四蜜饯：蜜饯白梨、蜜饯银杏、蜜饯桂圆、蜜饯苹果。

四冷点：栗子糕、御扇豆黄、金糕、芝麻卷切。

冷菜：凤凰展翅、燕窝四字菜、麻辣牛肉、炝玉龙片、油焖鲜蘑菜花。

热菜：龙井竹笋、凤尾群翅、桂花干贝、三鲜瑶柱、金钱吐丝。

### （二）第二度宴席

到奉点心：核桃酪。

四干果：花生粘、苹果软糖、可可核桃、奶白枣宝。

四蜜饯：蜜饯金枣、蜜饯樱桃、蜜饯海棠、蜜饯瓜条。

四冷点：金糕卷、双色豆糕、豆沙卷、翠玉豆糕。

### （三）第三度宴席

到奉点心：冰花雪莲。

四干果：糖炒杏仁、双色软糖、蜂蜜花生、香酥核桃。

四蜜饯：蜜饯桂圆、蜜饯鲜桃、蜜饯马蹄、蜜饯橘子。

四冷点：枣泥糕、莲子糕、小豆糕、豌豆黄。

### （四）第四度宴席

到奉点心：杏仁豆腐。

四干果：糖炒花生、菠萝软糖、樱桃软糖、枣泥杏干。

四蜜饯：蜜饯菠萝、蜜饯红果、蜜饯葡萄、蜜饯青梅。

四冷点：三色糕、双色马蹄糕、二龙戏珠（含两种冷点）。

（五）第五度宴席

到奉点心：鸡丝汤面。

四干果：五香杏仁、芝麻南糖、枣泥软糖、冰糖核桃。

四蜜饯：蜜饯龙眼、蜜饯槟子、蜜饯鸭梨、蜜饯哈密杏。

## 二、听鹂馆饭庄满汉席

第一度万寿无疆席。

四干果：炸杏仁、瓜子、核桃仁、怪味花生。

四鲜果：葡萄、金橘、荔枝、李子。

四蜜饯：桃脯、蜜枣、藕脯、蜜红果。

## 三、御膳饭庄满汉席

（一）第一度蒙古亲藩宴

茶台茗叙，古乐伴奏，满汉侍女敬献白玉奶茶。

到奉点心：茶食刀切、杏仁佛手、香酥苹果、合意饼。

攒盒一品：龙凤描金攒盒龙盘柱，随上干果脯蜜饯八品、四喜干果、虎皮花生、怪味大扁杏仁、奶白葡萄、雪山梅。

四甜蜜饯：蜜饯苹果、蜜饯桂圆、蜜饯鲜桃、蜜饯青梅。

（二）第二度宴席

干果：花生粘、苹果软糖、可可核桃粘。

四蜜饯：金枣蜜饯、樱桃蜜饯、海棠蜜饯、瓜条儿。

四冷点：金糕卷、双色豆糕、豆沙卷、翠玉豆糕。

（三）第三度宴席

四干果：糖炒杏仁儿、双色软糖、蜂蜜花生、香酥核桃。

四蜜饯：蜜饯桂圆、鲜桃蜜饯、马蹄蜜饯、橘子。

四冷点：枣泥糕、莲子糕、小豆糕、豌豆黄。

（四）第四度宴席

到奉点心：杏仁豆腐。

四干果：糖炒花生、菠萝软糖、樱桃软糖、枣泥杏干。

四蜜饯：菠萝蜜饯、红果蜜饯、葡萄蜜饯、青梅。

四冷点：三色糕、双色马蹄糕、二龙戏珠。

# 后记

北京历史悠久，文化底蕴深厚，在体现中华文明的重要遗产和宝贵财富的城市中，孕育了众多优秀的北京老字号，它们在数百年商业营销和手工业发展中，留传了独特工艺和经营特色。它们经历了坚苦卓绝的创业历程，最终独树一帜，统领一行，留下的是极品绝活儿。因此，古老的北京不仅留下了举世闻名的历史文化古迹，也留下了弥足珍贵的非物质文化遗产，北京果脯制作技艺就是其中之一。近几年北京有关部门非常重视此项工作。其所做的工作不一一赘述，撰写北京市非遗项目丛书的事情只是其中一项。

退休后，我在北京老字号协会从事宣传工作近10年，见证了众多老字号企业的成长和发展。反观它们的历史，我一直在思索，它们为什么能够像小草那样"野火烧不尽，春风吹又生"，以自强不息的精神，跨越时代延续至今呢？究其原因：一是它们始终对社会有着一种默默奉献的爱国情感，这种精神使它们的事业延绵传承；二是很多老字号企业有极其深厚的文化底蕴，是它们以工匠精神，追求对技艺和绝活的精益求精，使得现代人仍然能享受老祖宗留下的精神财富；三是大多数老字号严格秉承着诚信为本的商业道德水准。因此，它们取得了广泛的社会认同，其商业信誉良好，品牌价值巨大，成为人们公认的优秀品牌。

北京红螺食品有限公司是值得我敬佩和学习的企业之一。为什么？因为我从内心感受并见证了它们的成长经历，它们有一种诚信为本、刻苦耐劳、自强不息、默默奉献、勇于进取的精神。它们把传承北京果脯技艺的重任担当起来，将社会责任与企业发展集于一身。往大处说呢，也就是有一种爱国主义的民族气概和情怀。

基于这种缘分和自身对北京果脯的喜爱，2012年北京老字号协会与红螺食品举办了"我与红螺的故事"有奖征文活动。那次活动不到一年的时间里，我们收到了全国各地200多篇热情洋溢的征文。篇篇故事都是老百姓一份真情表露，点点滴滴入心入怀。它让我的心灵温润并产生共鸣，当用心阅读了这些故事后，心中即刻保留了一份对民族品牌的情怀，为它的喝彩之情也油然而生。

2018年我有幸接受了撰写《北京果脯》一书的任务。因为心里有对这门技艺的热爱和敬畏，也有一定的缘分和基础，所以我乐此不疲地想把此书编写得好一些，为讲好北京果脯的故事，守候住这份温馨的情谊，为子孙后代和社会传承下去一份精神财富，尽点微薄之力。

《北京果脯》一书，整理编写了数万字的内容，采用历史与现实相结合，时间与空间相交叉的手法，将北京果脯制作的技艺、悠久的文化、众多人士对它的情缘、鲜为人知的真实历史、各具特色的社会习俗、丰富多彩的风情画卷等收录书中。总之，将一部历尽沧桑的古都北京果脯制作技艺的风貌融为一部琳琅满目的画卷，展现在读者面前，让你能够回味北京果脯的昨天，认识它的今天，展望它的明天。

北京是一座国际性的城市，它向世界敞开了大门，汇入世界经济潮流之中。时下，全世界都在更加关注中国，并且把目光聚焦到了北京。然而，北京果脯早在1915年，就在国际舞台上为中国民族品牌树威亮相，得到了国际的殊荣和西方人士对它的敬重。所以，借此书再次对北京果脯制作技艺的辉煌，投以一份盛赞。因为，在它的发展变化中，其蕴含的超凡的技艺和悠久的文化，均来自大自然，而它又无私地恩赐于人类。它的精神和胸怀，大概是我们每个人穷尽一生，都无法学到的。

一年多的时间里，依旧是每天忙忙碌碌，依然是早晚笔耕不辍，终将进入书海耕耘尾声。此时我的心里除了不安就是感叹，因为时间短、能力浅薄，还会有很多没有写到的篇章，还会有甚多的知识没融入本书中。此时心怀谦卑与感恩，先向读者说明并致歉，此书并非北京果脯制作技艺的百科全书，也未反映其全貌，此书也无力将几千年的果脯文化囊括其中。编著此书的不完满、内容错漏、不尽如人意等处，恳请读者谅解和指正。特此深深地表示感谢！

感谢北京果脯制作技艺的非遗传承单位北京红螺食品有限公司对我的信任；感谢红螺食品提供了大量从图书馆、档案室及社会各处搜集到的珍贵历史老照片和文字资料；感谢李效华董事长，是他身上始终特别重视企业文化的精神，时时深深感动并激励我完成了此书；感谢95岁高龄的李滨声及已故老艺术家常宝华等老师为此书挥毫泼墨，留下了珍贵历史资料；感谢张建英、牛金霞、房刚、田军等朋友，对此书所做的默默奉献和提出了宝贵的建议。如果没有他们的全力帮助，就不可能有此书的完稿。最值得一提的还有，石振怀老师的鼎力帮助和指教，他让我学会了如何用整体和客观的观点完成本书的写作，否则本书也仍在未定之天。

在编纂过程中还得到众多朋友的支持和帮助，特别是我意外地找到一本书《副食品商品学第三分册（鲜瓜果、干果、果脯蜜饯）》。它是一册太朴实无华的旧书，售价仅仅0.22元，封面及内页破旧的泛着黄色、已经变脆了的纸张默默讲述的是，1958年前后有这样一个年轻群体走在了我们前面，他们就是此书的编著者——北京市西城区副食品零售管理处青年售货员。我经常扪心自问，那个年代的售货员能集体付出智慧和力量，用宝贵的青春并在平凡的劳动中，著书立传来传承北京果脯的知识及文化，是他们为社会浓缩了北京果脯文化，留下了这笔非常专业的精神财富。他们的情操和高尚品德，时时启迪和碰撞我的心灵并给我力量。所以，正是有了一代代人的文字记载及方方面面的传承，才能使今天的北京果脯及制作技艺的史料及书籍更加丰满好看。

我想，守护"非遗"的责任是留住"乡愁"，这是一种挥之不去的情感和担当，是我们共有的情感归依和精神寄托。记住和传承这些宝贵的文化，重视非物质文化遗产保护和利用，让更多人了解北京的历史和文化，更加热爱北京的今天，发挥好非物质文化遗产技艺的力量和作用，这也正是编著本书的目的与责任。

张　青

2019 年春末